# 为中国而设计

## 首届全国环境艺术设计大展获奖作品集

中国美术家协会 主办　　中国美术家协会环境艺术设计委员会、中央美术学院建筑学院 编

中国建筑工业出版社

图书在版编目（CIP）数据

为中国而设计 首届全国环境艺术设计大展获奖作品集/中国美术家协会环境艺术设计委员会、中央美术学院建筑学院编．－北京：中国建筑工业出版社，2004

ISBN 7-112-06572-0

Ⅰ.为… Ⅱ.①中…②中… Ⅲ.环境设计—作品集—中国—现代 Ⅳ.TU856

中国版本图书馆CIP数据核字（2004）第043919号

总 策 划：张绮曼　吕品晶
执行主编：杨冬江
责任编辑：李东禧　唐　旭
责任校对：赵明霞

为中国而设计
首届全国环境艺术设计大展获奖作品集
中国美术家协会主办
中国美术家协会环境艺术设计委员会、中央美术学院建筑学院 编
\*
中国建筑工业出版社出版、发行（北京西郊百万庄）
新 华 书 店 经 销
北京方嘉彩色印刷有限责任公司印刷
\*
开本：889×1194毫米　1/16　印张：10
2004年6月第一版　2005年4月第二次印刷
定价：98.00元

ISBN7-112-06572-0
TU・5745（12526）

**版权所有　翻印必究**
如有印装质量问题，可寄本社退换
（邮政编码100037）
本社网址：http://www.china-abp.com.cn
网上书店：http://www.china-building.com.cn

　　"首届全国环境艺术设计大展及设计论坛"由中国美术家协会主办，中国美术家协会环境艺术设计委员会和中央美术学院建筑学院策划及承办。这是中国美术家协会环境艺术设计委员会2003年9月成立后策划的第一次全国性环境艺术设计大展。本次大展以"为中国而设计"为主题，旨在全面提高中国环境艺术设计水平、促进中国环境艺术设计的发展、加速中国环境艺术设计师与国际接轨的步伐。

　　本次大展得到了全国从事环境艺术设计的企事业单位、个人设计师、设计院校教师和学生的支持，他们送来了新创作的环境艺术设计作品。这些作品包括外部环境艺术设计、室内设计和环境设施设计等内容，既有实际工程项目的设计成果，也有环境艺术概念性的创作，基本反映了我国目前环境艺术设计的概貌与水平。

　　为了保证首届全国环境艺术设计大展在学术上、设计上都能够代表我国环境艺术设计的最高水准，大展所评选的奖项和有关的学术论坛能够具有权威性，大展组委会聘请了由国内和港台环境艺术设计的知名专家、学者组成评委会。为了体现展览评奖的公平、公正，获奖作品均由评委进行无记名三轮投票产生。考虑到鼓励环境艺术设计的新生力量，大展奖项分专业组和学生组，各组评选出金、银、铜和优秀奖若干名。评奖强调了环境艺术设计的实用性、艺术性和原创性的特点，尤其对那些体现创新精神和人文内涵的设计作品给予了肯定。

　　在飞速发展的城市化进程中，中国的环境艺术设计越来越凸显其重要性，在我们的城市里到处充斥着欧陆样式、西洋情调的东西与周边环境格格不入时，我们举办的大展试图引导设计师"为中国而设计"，为中国人自己的生活方式去开创符合中国国情又具深刻中华文化内涵、既利用现代科技成果又能体现中华传统人居环境观念的当代环境艺术设计之路。这是我们举办全国性环境艺术设计大展的初衷和目的。

中国美术家协会环境艺术设计委员会主任<br>
中央美术学院教授、博士生导师<br>
<br>
2004年5月

# 目录

顾问委员会 ... 5
组织委员会 ... 5
组委会执行委员会 ... 5
评审委员会 ... 5
特邀评委 ... 5
评奖现场 ... 6
专业组获奖名单 ... 8
学生组获奖名单 ... 10
参展作者名单 ... 12

专业组金奖获奖作品 ... 15
专业组银奖获奖作品 ... 19
专业组铜奖获奖作品 ... 27
专业组优秀奖获奖作品 ... 39

学生组金奖获奖作品 ... 103
学生组银奖获奖作品 ... 107
学生组铜奖获奖作品 ... 115
学生组优秀奖获奖作品 ... 125

## 顾问委员会

靳尚谊　刘大为　潘公凯　常沙娜　王春立
范迪安　谭　平

## 组织委员会

主任：张绮曼
副主任：吕品晶
委员：马克辛　王　澍　王　铁　蔡　强
　　　冯安娜　朱　凡　齐爱国　李炳训
　　　吴　昊　吴卫光　苏　丹　陈六汀
　　　陈顺安　林学明　郑曙阳　周浩明
　　　周长积　杨冬江　俞孔坚　施　惠
　　　郝大鹏　梁　梅

## 组委会执行委员会

主任：王　铁
委员：贾京楠　傅　祎　王其钧　齐爱国
　　　苏　丹　杨冬江　梁　梅　崔笑声
　　　钟山风　邱晓葵

## 评审委员会

张绮曼　吕品晶　王　铁　马克辛　郝大鹏
吴　昊　吴家骅　郑曙阳　周长积　王　澍
赵　健　陈顺安　李炳训　林学明

## 特邀评委

王明川
（台湾室内设计协会理事长、国际IFI理事）
罗锦文
（香港室内设计协会主席、国际IFI理事）

评奖现场

# 专业组获奖名单

## 金奖：

作品名称：广州长隆酒店　作者：陈向京　梁建国　曾芷君　蔡文齐　张　宁　林　蓝

## 银奖：

作品名称："绿之梦"大连市主题地标建筑设计　作者：鲁迅美术学院环境艺术系景观工作室
作品名称：中央戏剧学院改造　作者：崔笑声　杨冬江
作品名称：江汉平原湿地农业生态景观模式研究　作者：湖北美术学院公共视觉艺术研究中心
作品名称：西安大雁塔北广场　作者：西安美术学院建筑环境艺术系景观环境艺术研究所
作品名称：一个"园"的设计　作者：夏秀田　刘　云
作品名称：东方现代艺术馆　作者：郭去尘　薛彦波
作品名称：东莞御景湾酒店　作者：陈向京　梁建国　曾芷君　蔡文齐　张　宁

## 铜奖：

作品名称：重庆洪崖洞传统山地民居风貌区规划　作者：郝大鹏　徐保佳
作品名称：怡园　作者：刘晨晨　周亮　陈晓育　侯寅峰　海继平　李建勇　张　豪　陈　卓
作品名称：重庆江北国际机场新航站室内设计　作者：陈六汀
作品名称：家居装饰的艺术世界　作者：董　雅
作品名称：荔枝湾酒店荔苑西餐厅　作者：刘应武
作品名称：东莞现代展示馆　作者：田奎玉　文增著　陈　峰
作品名称：大门设计—气壮山河　作者：文增著
作品名称：大连金石滩主题公园创意方案　作者：鲁迅美术学院环境艺术系景观工作室
作品名称：山东济南英大国际高尔夫俱乐部设计　作者：山东建工学院环境艺术设计研究所
作品名称：新疆银都酒店　作者：陈向京　梁建国　曾芷君　蔡文齐　张　宁

## 优秀奖：

作品名称：济南市省立医院色彩设计方案　作者：梁　冰　孙冬宁
作品名称：西安人民大厦室内环境艺术设计　作者：刘晨晨
作品名称：沈阳商务酒店—共享大厅和会议室设计　作者：张　旺
作品名称：东方太阳城住宅室内设计　作者：李　沙
作品名称：记忆校园……　作者：李睿煊　李香会
作品名称：成都景印办公室空间设计　作者：田　浩　陈明贵
作品名称：内蒙古乌珠穆沁旗宾馆　作者：蔡树本
作品名称：南京仁恒翠竹园跃层室内空间　作者：陆文星
作品名称：重庆轻轨车站外观设计　作者：杨吟兵
作品名称：山城步道　作者：黄　耘　邓　楠

作品名称：峨眉山灵秀温泉环境景观设计　作者：赵　宇
作品名称：剑南春酒史博物馆　作者：赵　宇
作品名称：金川广场规划设计方案　作者：傅　祎　崔鹏飞　钟山风
作品名称：北京房山区良乡文化广场设计　作者：宋　扬
作品名称：中国元素—客家新住宅　作者：傅　雁　武　超
作品名称：大连文化中心　作者：姜　峰　袁晓云
作品名称：人民大会堂湖北厅　作者：梁　晖　李　阳　梁竞云
作品名称：厦门、台湾文化交流中心　作者：蔡万涯
作品名称：中国铁通集团办公楼设计方案　作者：曹继东
作品名称：可居1号宅　作者：黄兆华
作品名称：移动式旅游宾馆　作者：何　明
作品名称：中国地质大学博物馆展示设计　作者：周　彤　向东文
作品名称：辽宁省博物馆文物综合展　作者：郭旭阳
作品名称：合肥CBD中央广场屋顶花园景观规划　作者：姜　民　张　威
作品名称：中国盒子　作者：常　成　杨　杨
作品名称：居住空间设计　作者：邱景亮
作品名称：深圳海滨度假酒店　作者：蔡　强
作品名称：时间与空间的畅想　作者：朱乐耕
作品名称：宁波市月湖公园景观设计　作者：樊　帆
作品名称：重庆新山水、大梯步广场概念设计　作者：四川美术学院
作品名称：济南食府室内设计方案　作者：李春郁　甘露平　刁海涛
作品名称：山海关国家森林公园入口休闲广场　作者：王　伟
作品名称：三峡博物馆 重庆大轰炸展厅　作者：王　伟　郭旭阳
作品名称：香格里嘉园家居　作者：刘　伟
作品名称：人民大会堂陕西厅室内空间设计　作者：西安美术学院建筑环境艺术系景观环境艺术研究所
作品名称：西安邮电学院新校区景观规划设计　作者：西安国展装饰工程有限公司
作品名称：上海东方艺术中心　作者：中建三局东方装饰设计工程公司
作品名称：太平洋保险职业学院专家别墅设计方案　作者：中建三局东方装饰设计工程公司
作品名称：武汉音乐学院新校区规划建筑设计　作者：梁竞云　王鸣峰　王　飞
作品名称：图书馆室内设计　作者：宋立民　邹京康
作品名称：景观链　作者：刘北光　刘毅娟　杨　东
作品名称：养马岛天马广场二十八星宿红柱阵景观设计　作者：蔺震生
作品名称：多功能可移动式公车站　作者：王　倩
作品名称：唐山某区政府大门设计　作者：翟炎峰
作品名称：桃源宾馆室内设计　作者：翟炎峰
作品名称：中华茶艺山庄总体规划　作者：陈六汀
作品名称：中国数码港室内设计　作者：管云嘉
作品名称：铁山坪生态园宾馆　作者：潘召南
作品名称：建筑室内设计　作者：彭　军
作品名称：扬宅室内设计　作者：李维立
作品名称：中餐厅室内空间设计　作者：苑金章
作品名称：黑龙江大学3号广场设计方案　作者：王治君　单琳琳
作品名称：河北长城饭店外环境设计　作者：杨冬江　崔笑声　陈永生　陈　晔
作品名称：山东工艺美术学院新校区总体规划　作者：周宇舫　韩文强　陈　雨　柯　毅
作品名称：福建师范大学新校区景观设计　作者：毛文正　王　鸿
作品名称："阳光广场"大连金石滩主题公园入口　作者：鲁迅美术学院环境艺术系景观工作室
作品名称：公路与桥梁景观　作者：徐勇民　詹旭军　王鸣峰　丁　凯
作品名称：老工业区的新生　作者：詹旭军　郭　凯　丁　凯　吴　珏
作品名称：工业设计应用　作者：黄学军　张　进　郭和平　吴　珏　丁　凯　郭　凯　王　飞
作品名称：校园文化设计应用　作者：张　进　舒　菲　潘　樊
作品名称：小区景观环境艺术设计　作者：高　颖　兰玉琪
作品名称：浙江浦江市西山公园原生态景观设计　作者：于历战

# 学生组获奖名单

## 金奖：

作品名称：海风痕迹　作者：韩文强　李晓明
作品名称：树宅　作者：宋曙华　陈立超
作品名称：摇滚部落建筑设计　作者：朱绍军

## 银奖：

作品名称：艺术中心方案设计　作者：王　斐
作品名称：服装专卖店设计方案　作者：杨　峰
作品名称：非非我的设计　作者：王　植
作品名称：新形象电厂设计　作者：吴　岩　陈立点　吴　磊
作品名称：新荣基大厦荣城公寓景观设计　作者：张　豪　石　力　马劭磊
作品名称：帆船博物馆设计　作者：王　畅　孙丽丽

## 铜奖：

作品名称：时间的房子—Timepot　作者：侯　熠
作品名称：传统装饰风格与现代室内设计　作者：沈　莉
作品名称：越窑青瓷博物馆建筑、景观、室内设计　作者：周　浩
作品名称：浙江美术馆方案设计　作者：王兮扬　方　韧　耿　筠
作品名称：城市博物馆　作者：仇　一　何　乐　朱　羚　叶　琪　熊　敏
作品名称：隆昌县古驿道石牌坊街保护与开发　作者：黄红丽　刘　益　李　凌
作品名称：宗教文化活动中心　作者：李建一　刘建超
作品名称：长春国际机场　作者：金长江　于　博　卞宏旭
作品名称：从垃圾楼到建筑事务所　作者：李　强

## 优秀奖：

作品名称：青瓷博物馆建筑、景观、室内设计　作者：陈　莺
作品名称：越窑青瓷博物馆建筑、室内及景观设计　作者：王苗妙
作品名称：清华大学美术学院新校区景观及教学楼共享空间设计　作者：陶金成
作品名称：浙江美术馆建筑设计　作者：吴维凌　丁云　陈林琳
作品名称：童话的建筑　建筑的童话　作者：于新颖
作品名称：茶室设计　作者：关　键
作品名称：城市之蛋—望京地区人力车设计　作者：杨　峰　袁　丹
作品名称：数码影视艺术交流中心　作者：董必凯
作品名称：山水之间　作者：刘　环
作品名称：居住区景观设计　作者：钟　岚
作品名称：HOUSE　作者：张　立
作品名称：凤凰的涅磐　作者：马贝娟
作品名称：艺术图书中心设计方案　作者：李　楠
作品名称：舞动的中国　作者：黎　靖

作品名称：浙江美术馆　作者：FLL.
作品名称：抚顺雷锋纪念馆　作者：林春水
作品名称：深圳龙岗海滩环艺小品设计—海之呼吸　作者：柏　雪
作品名称：生物多样性保护中心　作者：席　珊
作品名称：智能公交电子站牌外观设计　作者：江寿国
作品名称：北方满族民居设计　作者：夏海波
作品名称：浙江美术馆设计方案　作者：刘　婷　蒋粤闽　郎雄飞
作品名称：在蜿蜒的地脉中生长—度假酒店方案设计　作者：陈元甫
作品名称：中国移动通信东莞服务大楼室内设计方案　作者：李　光
作品名称：会议室／展示厅/ID设计室规划　作者：刘　芳
作品名称：北京服装学院特色餐厅　作者：王　莹
作品名称：越窑青瓷博物馆建筑、景观、室内设计　作者：郭晓燕
作品名称：慈溪越窑青瓷博物馆方案设计　作者：李嗷罡
作品名称：天津海河广场设计方案　作者：祁　科　弥　娜　李　阳
作品名称：建筑设计　作者：杨小舟
作品名称：70年代怀旧吧　作者：伍　丽
作品名称：大连金石滩主题公园石头王国系列设计方案　作者：邓　明　张莹莹　胡书灵　赵宇南
　　　　　　马常明　卞宏旭　吕　大　张照辉　赵维峰
作品名称：沈阳工业文化博物馆规划设计方案　作者：金长江　王凤涛　张　琢
作品名称：唐人设计工作室空间设计　作者：李　鹏
作品名称：景观座椅设计—高山流水　作者：杨　睿
作品名称：小别墅设计　作者：邓　璐
作品名称：往来.寻常生活—公交智能电子站牌外观设计　作者：王　欣　袁　丹
作品名称：河北西柏坡纪念馆　作者：林春水
作品名称：山地住宅区设计　作者：于　博　胡书灵
作品名称：家—准境　作者：张卉矜　李　政　孙　惠　江丽华　王志磊　张蔚蔚
作品名称：重庆长滨路休闲水岸示范段形象规划设计　作者：韩文强
作品名称：从今天到明天　作者：刘子青　郁　波
作品名称：E时空网吧　作者：施生地
作品名称：明月轩—贵宾茶室设计　作者：江　滨　李开贵　等
作品名称：智能电子公交站牌设计　作者：车晓典
作品名称：长春市世界雕塑公园入口设计　作者：韩文强
作品名称：湖北经济学院新校区景观设计　作者：王鸣峰　何　凡
作品名称：杭州江滨区地铁站国际城市展厅设计　作者：柯　毅
作品名称：光阴住宅　作者：葛兴安
作品名称：西安中学新校区室内设计　作者：张　豪
作品名称："圆"素·创造空间　作者：胡　伟
作品名称：济南将军集团大厦外环境设计　作者：景　璟　薛彦波
作品名称：B.O.X搏可思体育发展实业公司办公空间设计　作者：邢　睿　余荣韵
作品名称：别墅设计—日风　作者：徐艳萍
作品名称：延·源—与自然共生　作者：余荣韵
作品名称：康王路沿线景观设计　作者：冯　乔　冯汉华　陈鸿雁　林迎杰
作品名称：家园　作者：韩　风
作品名称：长安大剧院室内设计方案　作者：韩海燕
作品名称：可移动建筑—蒙古源流　作者：武　静
作品名称：抗洪纪念馆　作者：赵志林
作品名称：永安门文物标识设计　作者：韩　风
作品名称：马家岭度假村景观规划设计方案　作者：唐　晔　杨延东
作品名称：百花公园孝文化广场设计方案　作者：张　勇　刘仁健　于　斌
作品名称：院落　作者：董丽娜
作品名称：昆明市儿童图书馆　作者：张　霞
作品名称：重庆大轰炸展览馆　作者：王　雄　马瑞东　陶佚男　韩　冬
作品名称：椅　作者：黎　明

# 参展作者名单

## 专业组：

邱育章　李仕鸿　张岚军　温　洋　全惠民　姜　鹏　张海峰　郑军德　高　飞　梁静雯
李艳华　余剑峰　王　豪　董　舫　罗　源　王纪平　王怀宇　赵　勇　王春晖　吕　勐
胡雨霞　刘凤华　陈　颖　许志军　黄军尧　刘　冰　刘　勇　陈　嫩　梁朝飞　刘　爽
杨先艺　许　亮　朱　伟　黄伟虎　钟家鸣　方四文　杜　异　汪建松　李朝阳　黄　艳
刘泉涛　刘栋年　韩　勇　王　维　李　磊　陈　曦　石咏婷　李胜利　王　立　谷旭日
温军鹰　秦崇伟　王　蓉　周　越　薛生健　周　彤　韦爽真　方　进　刘　蔓　龙国跃
张新友　沈渝德　刘　冬　魏　婷　夏　阳　赖旭东　张　弛　吴金贵　辛艺峰　孙宝珍
林　毅　穆金山　周　峰　永一格　张　强　赵　芳　曲　辛　施济光　冯丹阳　田奎玉
文增著　林春水　尹传垠　何　明　朱亚丽　王　姝　王　嵩　粟　武　邱国强　尹一君
魏　波　陈　军　高月秋　唐晓军　李　健　裴俊超　王　凛　张　豪　陈　卓　刘浩来
任　磊　毛燕南　张雪莲　郑俊雄　郑俊伟　李学峰　熊淘淘　刘牧阳　马仿明　周　缨
孔　俊　刘　伟　王小葆　陈日方　陈春建　于万膑　李仲信　曲红升　李　浩　黄世庆
王　宁　周　偶　万　敏　张　开　赵　虹　张　航　李蔚青　逯海勇　李　朋　汪　靖
胡卫民　宗上峰　刘凯敏　彭　容　李　敏　李晓琼　李学峰　王妍钥　冯云锋　刘振环
翁世军　陈学文　曹　磊　董　雅　王　焱　李　鑫　姜　峰　袁晓云　李卫社　杨剑辉
孟天直　樊严亚　曾海彤　加美地景（北京）装饰工程设计有限公司　都市建设酒店顾问设计工程有限公司

## 学生组：

曹秋月　殷　川　唐　君　李　仙　黄立元　顾　逊　薛　刚　黄磊昌　夏泽雷　陈　飒
陈步云　金　萱　刘小荣　张　超　郭贝贝　朱　婕　张　倩　刘　岳　杨　东　刘毅娟
刘　佳　徐雷娜　许　薇　时　凯　徐凤军　邢志峰　刘　晶　刘　丹　刘云海　宋　征
杨　利　马金山　杨　华　王　雷　林畅雄　李智云　郭自强　刘学婧　申　强　孟　超
席　悦　戴　峥　陈　逯　张文龙　徐享华　王立娟　兰玉琪　高　颖　马志刚　马冰玉
陈之旦　高　艳　何借冬　王国勇　徐　杨　李剑峰　朱　丽　孙建波　李小科　朱洪栋

| | | | | | | | | | |
|---|---|---|---|---|---|---|---|---|---|
| 周海平 | 徐 倩 | 宋 扬 | 邢 飞 | 龚海亮 | 金姗姗 | 熊 涛 | 王凯雷 | 旷 鹏 | 叶 玮 |
| 洪晓雯 | 杨海蒂 | 许 润 | 尹 凡 | 钱 爽 | 张智博 | 韩 勇 | 房小燕 | 句娟娟 | 孙 禄 |
| 苗 亮 | 王 芳 | 鲁统俊 | 托 娅 | 方海军 | 袁园园 | 鲁 阳 | 吴海云 | 杨晓晖 | 李 凌 |
| 金 哲 | 陈 彬 | 李 佳 | 时 洁 | 王丽华 | 孙宏仪 | 于丽伟 | 黄 浩 | 周 峰 | 黄良福 |
| 范 懿 | 俞姗姗 | 梁广明 | 王 鹏 | 谭 杰 | 公 伟 | 曹鑫鑫 | 孟 彤 | 程志哲 | 梁 榕 |
| 谭如瑾 | 边 柳 | 于 洋 | 李慧聪 | 李 清 | 刘晓艳 | 周子彦 | 郭 岩 | 周 峰 | 王 欣 |
| 焦建芳 | 孙媛霞 | 陈 君 | 傅 璟 | 李晓明 | 刘 涛 | 马 珂 | 李国进 | 贺剑威 | 徐一鸣 |
| 李智敏 | 赵 丹 | 邢 茜 | 谢 莲 | 李永昌 | 王 雄 | 于 淼 | 王风涛 | 扬延东 | 张 琢 |
| 任宪玉 | 李建一 | 刘建超 | 于 博 | 卞宏旭 | 马瑞东 | 王 伟 | 赵 坚 | 陶佚男 | 韩 冬 |
| 谭 勇 | 赵时珊 | 宋小军 | 陈 炯 | 车晓典 | 邓 璐 | 陈 栋 | 黎 明 | 钱惠雅 | 江永亭 |
| 李传波 | 邱国强 | 曹殿龙 | 安冬冬 | 吉立峰 | 刘砚秋 | 范 蒙 | 陈 显 | 张 恒 | 李 俐 |
| 朱力其 | 周 靓 | 马海丽 | 张 英 | 李 兰 | 徐 杰 | 蒋 琳 | 林庆利 | 张燕文 | 丛 伟 |
| 韩海燕 | 赵志林 | 黄 璐 | 查丽君 | 邱 雁 | 李 华 | 黄国维 | 连春树 | 李德振 | 吴丽娟 |
| 邹振忠 | 梁 青 | 李 楠 | 王李楠 | 兵许伟 | 朱康豹 | 余 鲁 | 龚植军 | 林 燕 | 黄文宪 |
| 谷嘉溪 | 冷川亮 | 黄淑义 | 李金娣 | 蔡春莲 | 陈漫华 | 王东光 | 余碧华 | 周 鹏 | 陈 艳 |
| 林英杰 | 陈菲菲 | 林 朋 | 刘 超 | 昆 鹏 | 汪丽梅 | 施俊天 | 罗青石 | 周闻宇 | 陈乐燕 |
| 李大坤 | 罗筱婷 | 余梅花 | 张 帆 | 陈静静 | 侯兴伟 | 苏 品 | 杨淑兰 | 姚 洁 | 刘睿菲 |
| 赵兴艳 | 张 霞 | 矫克华 | 宋启涛 | 王文成 | 张 欣 | 胡 彬 | 张 勇 | 周振中 | 徐丽江 |
| 李 健 | 熊德怀 | 杨章斌 | 马 宁 | 张 斌 | 刘淼鑫 | 项书悦 | 林之杰 | 王波浪 | 翁 华 |
| 梁炫科 | 杨迎粉 | 伍思慧 | 娄海蛟 | 徐晓城 | 肖凯文 | 黄春武 | 谭 勇 | 苏 文 | 余学伟 |
| 杨晓娟 | 师 宽 | 张店军 | 杨雅阳 | 王宏飞 | 董 晶 | 怀艳丽 | 付一酌 | 孙艺猛 | |

(由于出书时间紧迫，编委会对参展作者名单中被遗漏的作者表示歉意，并敬请与大展办公室联系以便作品集再版时及时予以更正)

专业组 金 奖获奖作品

作品名称：广州长隆酒店　作者：陈向京　梁建国　曾芷君　蔡文齐　张　宁　林　蓝

作品名称：广州长隆酒店　作者：陈向京　梁建国　曾芷君　蔡文齐　张　宁　林　蓝

作品名称：广州长隆酒店　作者：陈向京　梁建国　曾芷君　蔡文齐　张 宁　林 蓝

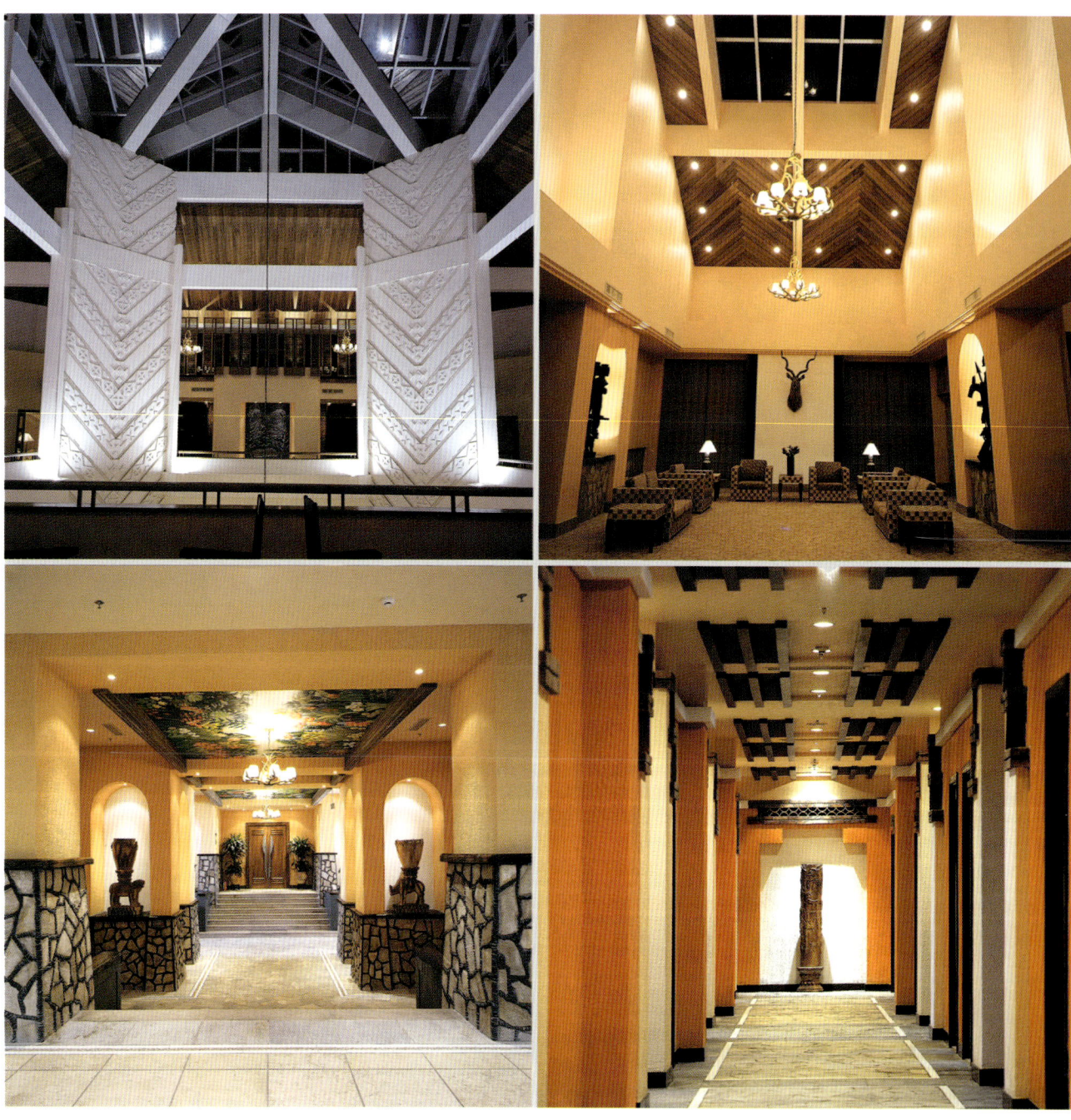

专业组**银**奖获奖作品

作品名称:"绿之梦"大连市主题地标建筑设计　作者:鲁迅美术学院环境艺术系景观工作室

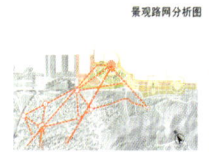
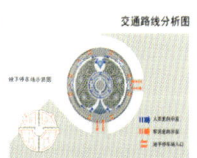

作品名称：中央戏剧学院改造　　作者：崔笑声　杨冬江

## 中央戏剧学院外装修工程

空间的划分，现状校园呈四周建筑围合，中间为内院的狭长空间格局，为院落空间的划分提供了良好的基础。根据内院的空间特征，我们在内院中设置一座"T"型的长廊，连接宿舍楼与办公楼，这样，即对内院进行了二次划分，也为内院中增添了更人性的尺度感受，使内院产生层次，内院由此形成三进院的空间效果，即从主入口进入，在两排高大树木掩映之后为第一进院，主要功能为运动、集会，穿过廊子进入二进院，空间中则呈现出中国园林式的景观设计，有亭、有竹、有树、或走、或停，为师生提供一处读书、交流的良好环境。继续前行，穿过食堂的过街楼，则进入一处幽静的内院，此处建筑围合感强，是自然的四合式内院空间，利用空间的优势可设置一处休闲区域，至此，三进院落构成了校园空间的层次，有静有动、有景有情，使院落空间产生丰富节奏。

形式的确立：北京四合院的房屋多是硬山式屋顶，但本设计对象的建筑多为方盒子式，并且高度为三层左右，综合考虑各种因素，如加建大屋顶结构，必然会造成经济和技术上的巨大的投入，不太适应学校的实际需求，所以经再三推敲后，决定放弃传统的大屋顶式改造方案，而确立了以传统建筑符号引入现状的建筑语言为设计主题，走"新而中"的设计道路，以空间的"四合"使人思想与精神回归传统的手法为主线展开设计，同时，在总体设计中强调历史演进，使校园总体风格呈现一种"由历史走到未来"的倾向。

基于以上几点设计思想，在形式设计中强调两个校门的重要作用，形成主入口以"新而中"的风格形成亮点，而贵宾入口以住宅王府大门的样式传达对历史的记忆，这样也就同时对于不同的人流进行了分流，从功能上也相对合理。而建筑的形式改造则遵循原建筑的体型，在适当的位置置入传统建筑的形式符号，材料则以现代的钢木结构为主，使之达到画龙点睛的效果，总体立面风格则追求简约、规则的效果，在灰砖排砖方式上力求精致。

内庭院透视图一

内庭院透视图二

内庭院透视图三

主入口透视图

贵宾入口透视图

# 自然村落向城镇化的演变

- 地理特征 ———— 多雨，湖泊众多。森林覆盖率低
- 生产方式 ———— 交通发展，耕作半径增大，变个体经营集体化发展
- 生活方式 ———— 解决空壳村现象，发展村级中心，节省能源资源
- 经济发展趋势 —— 发展农村鱼牧，生态加工及观光农业

## 平地

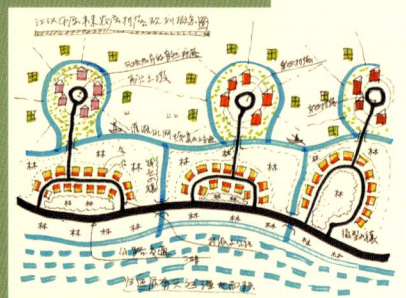

沿公路形成袋型村级中心，向里延伸成不同特色的村落。

## 坡地

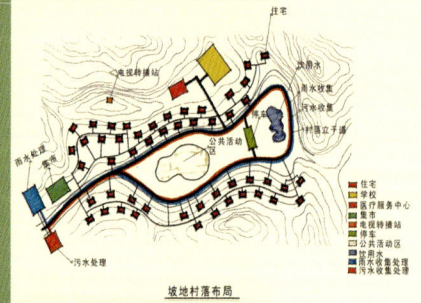

依坡地特征，向上逐级形成错落有致、与地形特征相协调的坡地村落。

## 湿地

通过扩展没有交通干扰的湖泊环境，纳入私人村舍、公园、学校、度假村等，增进湖泊及周围不动产的利用和趣味，挖掘土地和水体价值。

作品名称：西安大雁塔北广场　　作者：西安美术学院建筑环境艺术系景观环境艺术研究所

大雁塔北广场前期设计鸟瞰效果图

水景小品实景

万佛灯塔实景

水景小品实景

步行街前期效果图

步行街入口效果图

作品名称：一个"园"的设计　　作者：夏秀田　刘　云

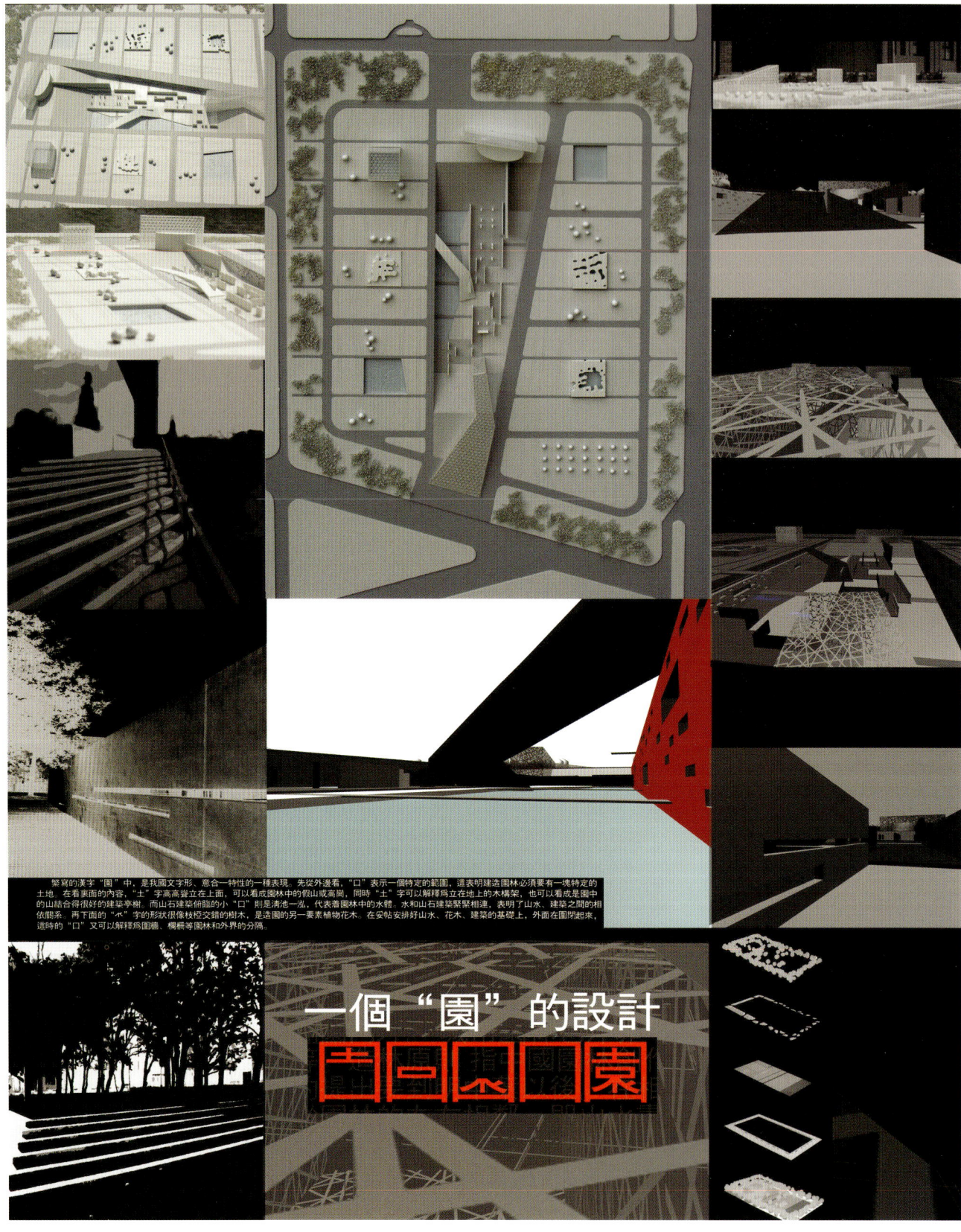

## 一個"園"的設計

繁寫的漢字"園"中，是我國文字形、意合一特性的一種表現。先從外邊看，"口"表示一個特定的範圍，這表明建造園林必須要有一塊特定的土地。在看裏面的內容，"土"字高高聳立在上面，可以看成園林中的假山或高崗，同時"土"字可以解釋為立在地上的木構架，也可以看成是園中的山結合得很好的建築亭榭。而山石建築俯臨的小"口"則是清池一泓，代表著園林中的水體。水和山石建築緊緊相連，表明了山水、建築之間的相依關係。再下面的"不"字的形狀很像枝椏交錯的樹木，是造園的另一要素植物花木。在安帖安排好山水、花木、建築的基礎上，外面在園閉起來，這時的"口"又可以解釋為圍牆、欄柵等園林和外界的分隔。

作品名称：东方现代艺术馆　　作者：郭去尘　薛彦波

东方现代艺术馆
旧楼改造设计方案

作品名称：东莞御景湾酒店　作者：陈向京　梁建国　曾芷君　蔡文齐　张　宁

专业组 铜 奖获奖作品

作品名称：重庆洪崖洞传统山地民居风貌区规划　　作者：郝大鹏　徐保佳

# 重庆洪崖洞
## 传统山地民居风貌区规划

作品名称：重庆江北国际机场新航站室内设计　　作者：陈六汀

作品名称：家居装饰的艺术世界　作者：董　雅

# 为中国而设计
## ——家居装饰的艺术世界

现代背景与古典元素的有机结合
现代环境与传统文化的适应
一切造型融于点、线、面之中

作品名称：荔枝湾酒店荔苑西餐厅　作者：刘应武

# G
广东省四会荔枝湾酒店荔苑西餐厅
GUANGDONGSHENGSIHUILIZHIWANJIUDIANLIYUANXICANTING

作品名称：东莞现代展示馆　作者：田奎玉　文增著　陈　峰

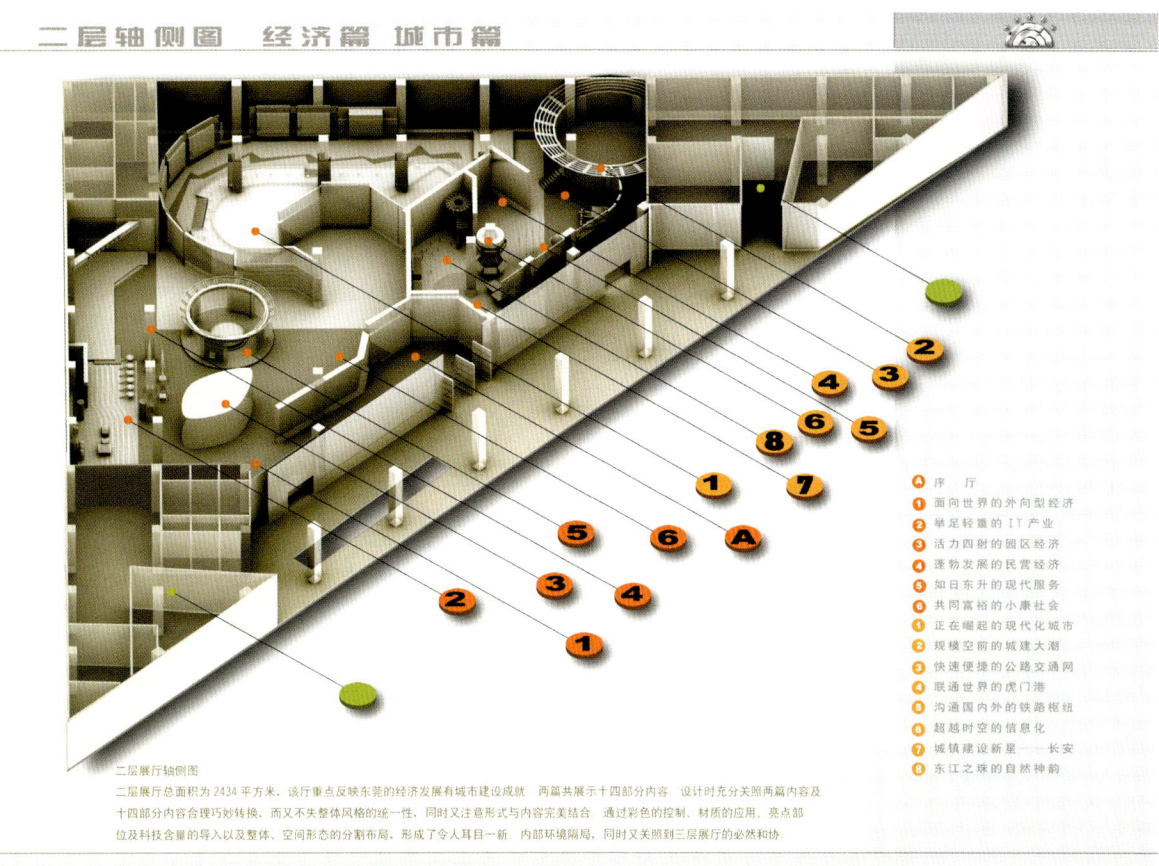

二层轴侧图　经济篇　城市篇

A　序　厅
1　面向世界的外向型经济
2　举足轻重的IT产业
3　活力四射的园区经济
4　蓬勃发展的民营经济
5　如日升的现代服务
6　共同富裕的小康社会
1　正在崛起的现代化城市
2　规模空前的城建大潮
3　快速便捷的公路交通网
4　联通世界的虎门港
5　沟通国内外的铁路枢纽
6　超越时空的信息化
7　城镇建设新星——长安
8　东江之珠的自然神韵

二层展厅轴侧图

二层展厅总面积为2434平方米，该厅重点反映东莞的经济发展有城市建设成就　两篇共展示十四部分内容　设计时充分关照两篇内容及十四部分内容合理巧妙转换，而又不失整体风格的统一性，同时又注意形式与内容完美结合　通过彩色的控制、材质的应用、亮点部位及科技含量的导入以及整体、空间形态的分割布局，形成了令人耳目一新　内部环境隔局，同时又关照到三层展厅的必然和协。

作品名称：大门设计—气壮山河　作者：文增著

成吉思汗陵旅游区主入口方案 A
设计：鲁迅美术学院环境艺术系教授 文增著

作品名称：大门设计—气壮山河　作者：文增著

# 大连金石滩主题公园创意方案

> 景区一

> 景区二

> 其他景区

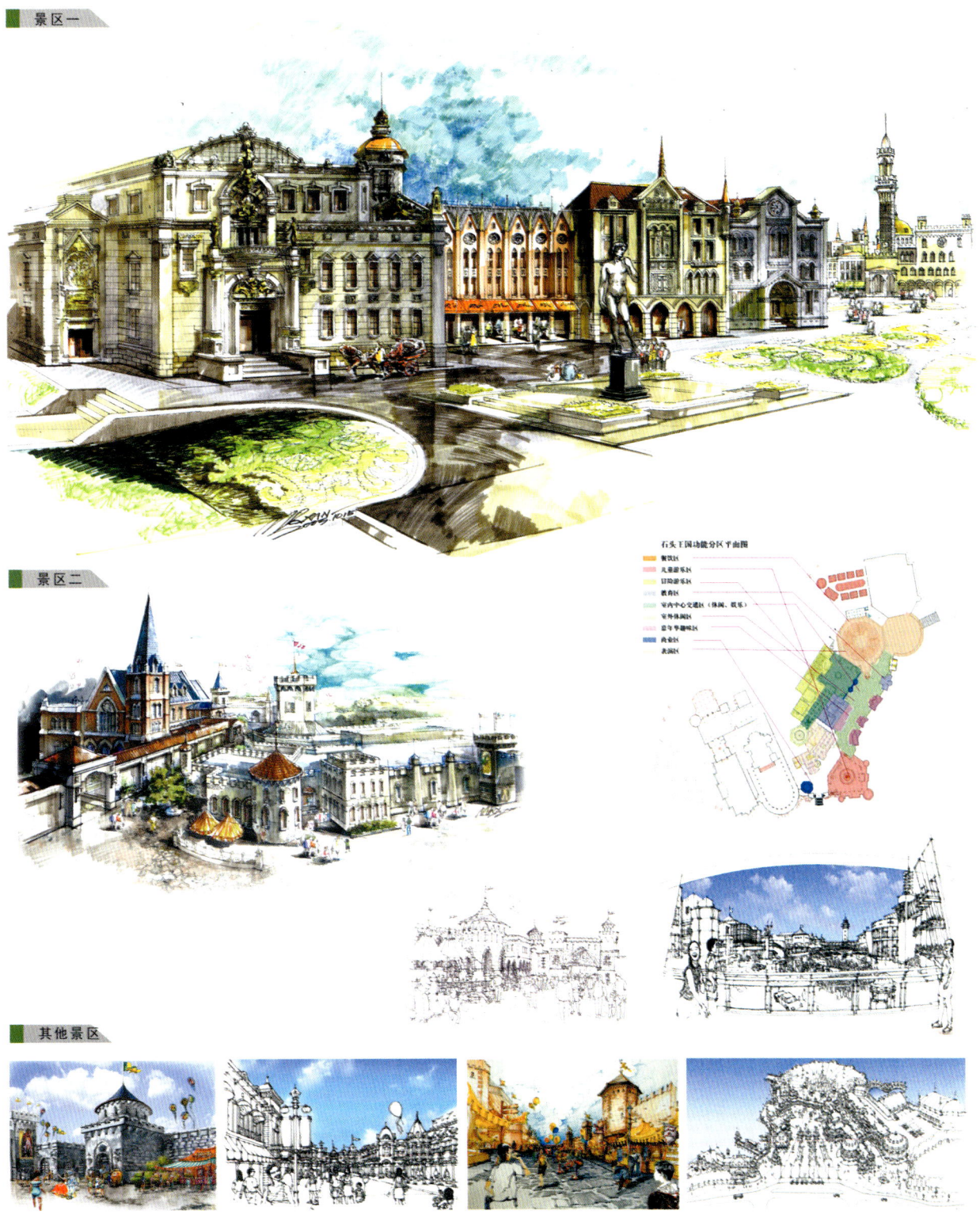

作品名称：山东济南英大国际高尔夫俱乐部设计　作者：山东建工学院环境艺术设计研究所

作品名称：新疆银都酒店　作者：陈向京　梁建国　曾芷君　蔡文齐　张　宁

专业组 优秀 奖获奖作品

作品名称：济南市省立医院色彩设计方案　作者：梁　冰　孙冬宁

病房楼一层大厅

# 济南市省立医院色彩设计方案

良好的医院环境色彩
可消除和缓解疾病给人带来的痛苦和焦虑
对病人的生理和心理有着特殊的治疗作用

作品名称：西安人民大厦室内环境艺术设计　作者：刘晨晨

作品名称：沈阳商务酒店—共享大厅和会议室设计　作者：张　旺

共享大厅

会议室

## 沈阳商务酒店－共享大厅和会议室设计说明

本设计是商务酒店局部设计，共享大厅建筑面积2137.8㎡。设计在简约的基础上，着重细部处理，如柱裙的陶制浮雕中的象形文字；护栏的金属曲线造型；三层立面的圆形卷草纹透雕等。使其设计更具有后现代主义风格。色彩以浅色调为主，使室内光洁明亮。

会议室是一个级别较高的多功能会议室整体设计采用现代主义风格。天花设计是融装饰造型和照明设计为一体，在一立面墙中心部分嵌入一幅460cm×165cm的木雕壁画。壁画的装饰形象是由人物、植物、动物组成，考虑到与空间环境的关系，画面效果追求祥和、自然、色彩单纯的效果。

作品名称：东方太阳城住宅室内设计　　作者：李 沙

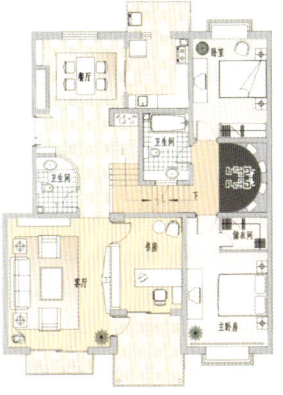

## 设计说明

1、本案依据中国传统文化为基础设计理念，结合简洁的现代处理方式，体现出古典与现代的融合，从而反映出东方文化的深刻内涵。

2、利用跃层的户型特点，于上层过厅处设弧形墙面，陈设青花瓷瓶，地面用纯黑花岗岩深镂雕，铺白石砾，用以强调"龙"的图案，展示中国文化底蕴。

3、玄关选用竹与石构成底景，透出人与自然的和谐关系。

4、客厅与书房地面采用复合地板；玄关与餐厅以片岩铺地；卧室铺尼龙混纺地毯；天花采用柚木做藻井。

# 东方太阳城住宅室内设计

作品名称：成都景印办公室空间设计　作者：田　浩　陈明贵

作品名称：内蒙古乌珠穆沁旗宾馆　作者：蔡树本

作品名称：南京仁恒翠竹园跃层室内空间　作者：陆文星

1. 楼梯的俯视感觉。
2. 冷光源下的主卧氛围。
3. 暖光源下，不同视角的主卧室。
4. 客厅正立面，背景上的抽象画是视觉焦点。
5. 从餐厅看客厅。

作品名称：重庆轻轨车站外观设计　作者：杨吟兵

# 重庆轻轨车站外观设计

作品名称：峨眉山灵秀温泉环境景观设计　作者：赵　宇

# 温泉景观
## 峨眉山灵秀温泉环境景观设计

项目地址：四川省峨眉山风景区
面　积：6ha
建成时间：2003年
业　主：峨眉山旅业有限公司
峨眉山是世界自然与文化遗产
峨眉山是中国四大佛教名山之一
峨眉山是中国著名风景名胜
温泉位于报国寺景区，为峨眉山旅游配套服务项目
设计定位：自然的风情、人性的设计、朴素的景观

作品名称：剑南春酒史博物馆　作者：赵　宇

地　　点：四川省绵竹市
面　　积：2500m²
建成时间：2003年
业　　主：四川省剑南春集团公司

　　剑南春酒是中国名酒，历史悠长，品质高贵。博物馆旨在展现"唐时宫廷酒，今日剑南春"诗意和剑南春酒业的辉煌成就。
　　博物馆分三个部分：序厅、甬道、主陈列厅主陈列厅由源远流长、剑南烧春、紫岩丰碑、清露大曲、辉煌业绩五大主题展段和翠谷灵泉、唐宫议酒、明清酒肆、古艺传承四个艺术场景展柜组成，形成博物馆的基本构图和艺术面貌，追求恢弘厚重的艺术气氛和浓烈甘醇的审美意境。

作品名称：剑南春酒史博物馆　作者：赵　宇

作品名称：金川广场规划设计方案　　作者：傅祎　崔鹏飞　钟山风

# 中國制造
## 金川广场规划设计方案

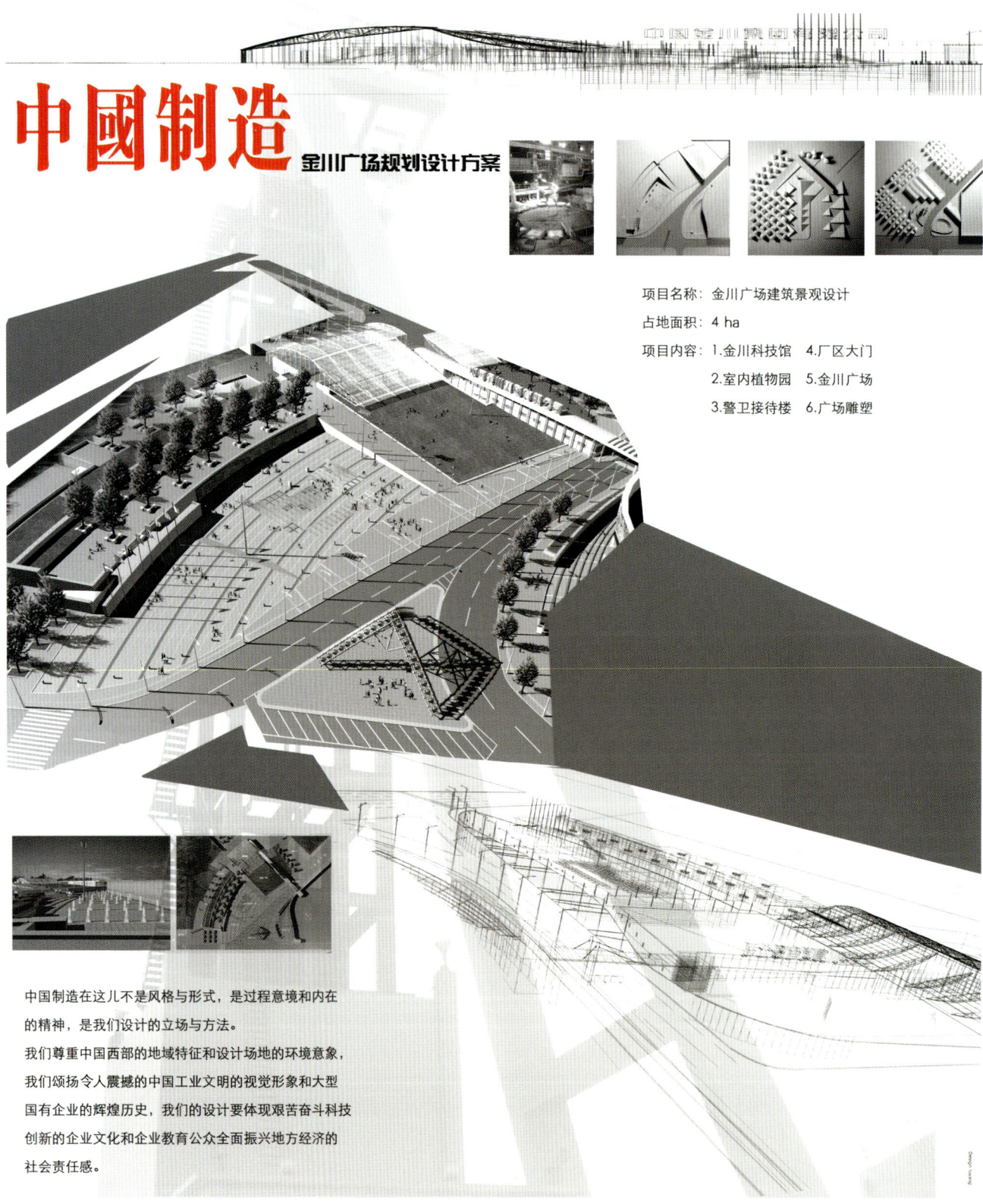

项目名称：金川广场建筑景观设计
占地面积：4 ha
项目内容：1.金川科技馆　　4.厂区大门
　　　　　2.室内植物园　　5.金川广场
　　　　　3.警卫接待楼　　6.广场雕塑

中国制造在这儿不是风格与形式，是过程意境和内在的精神，是我们设计的立场与方法。
我们尊重中国西部的地域特征和设计场地的环境意象，我们颂扬令人震撼的中国工业文明的视觉形象和大型国有企业的辉煌历史，我们的设计要体现艰苦奋斗科技创新的企业文化和企业教育公众全面振兴地方经济的社会责任感。

作品名称：北京房山区良乡文化广场设计　　作者：宋　扬

设计说明：在形体的动感与韵律中体现生命力，用简洁夸张的形式感取代单用材料堆砌所带给人的视觉上的苍白无力。

运用现代材料与科技构筑的广场周边建筑群体与广场中心高架观景长廊交相辉映，在游人观景的同时深切体会到时代变革，经济高速发展给房山、良乡所带来的生机机遇与挑战。

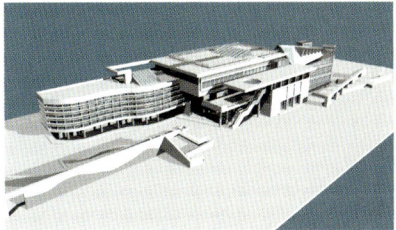

整体设计思路打破常规、打破第一视觉感受，建成后定会成为良乡标志性景观，观景的同时强调纪念性。在景观后期制作中运用壁画、导向等形式把良乡文化底蕴与景观紧密结合，自然景观—文化气息—时代感—纪念性—标志性相互融合计划设计于册上。

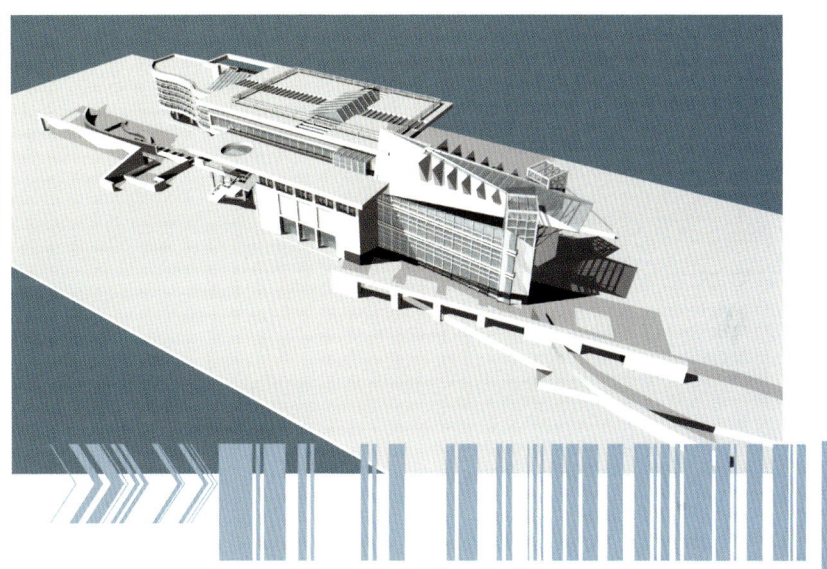

北京房山区良乡文化广场设计

作品名称：中国元素—客家新住宅　作者：傅　雁　武　超

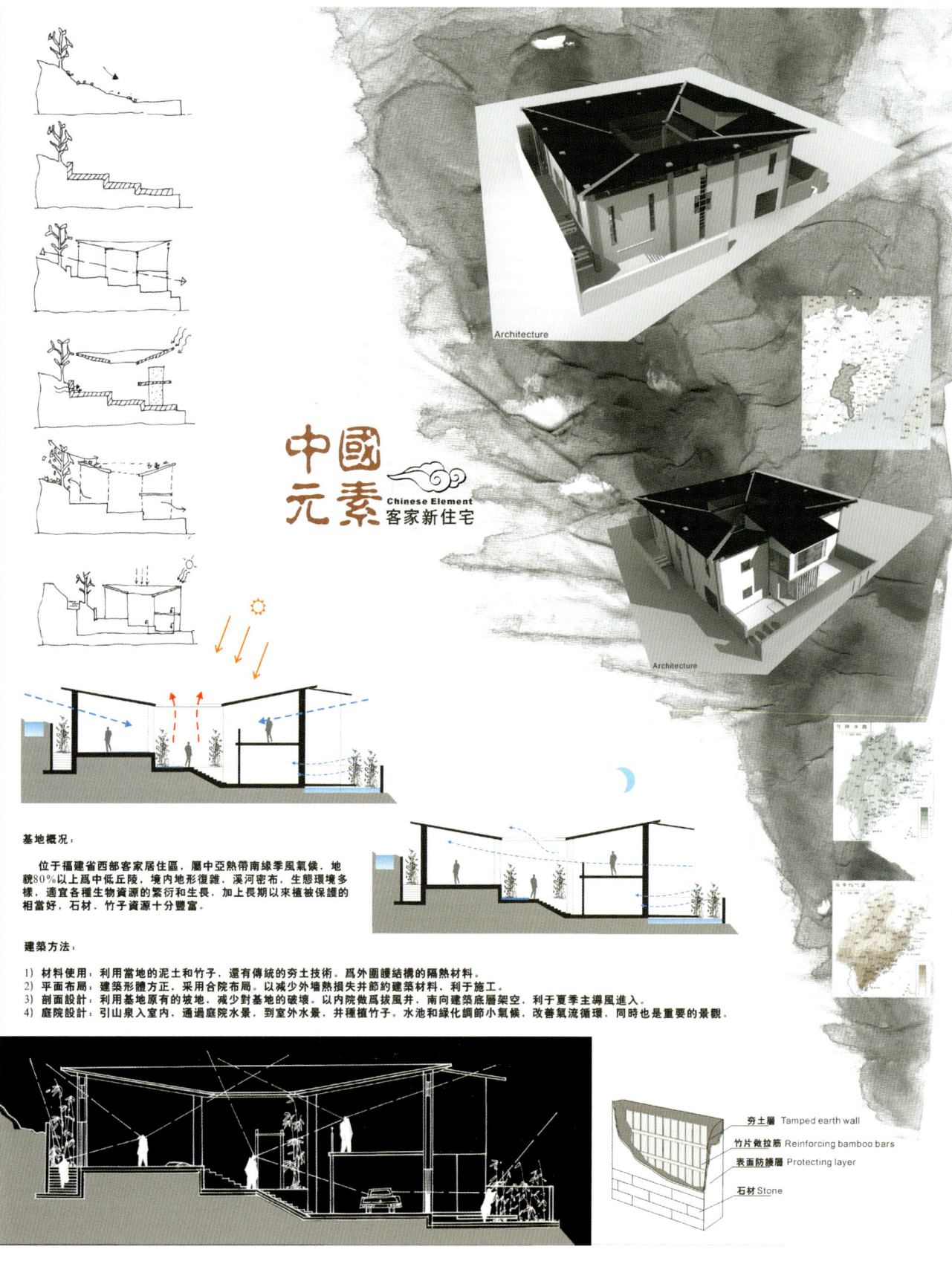

基地概况：
　　位于福建省西部客家居住區，屬中亞熱帶南緣季風氣候，地貌80%以上爲中低丘陵，境內地形複雜，溪河密布，生態環境多樣，適宜各種生物資源的繁衍和生長，加上長期以來植被保護的相當好，石材、竹子資源十分豐富。

建築方法：
1) 材料使用：利用當地的泥土和竹子，還有傳統的夯土技術。爲外圍護結構的隔熱材料。
2) 平面布局：建築形體方正，采用合院布局。以減少外牆熱損失并節約建築材料、利于施工。
3) 剖面設計：利用基地原有的坡地，減少對基地的破壞。以內院做爲拔風井，南向建築底層架空，利于夏季主導風進入。
4) 庭院設計：引山泉入室內，通過庭院水景，到室外水景，并種植竹子。水池和綠化調節小氣候，改善氣流循環，同時也是重要的景觀。

作品名称：大连文化中心　　作者：姜　峰　袁晓云

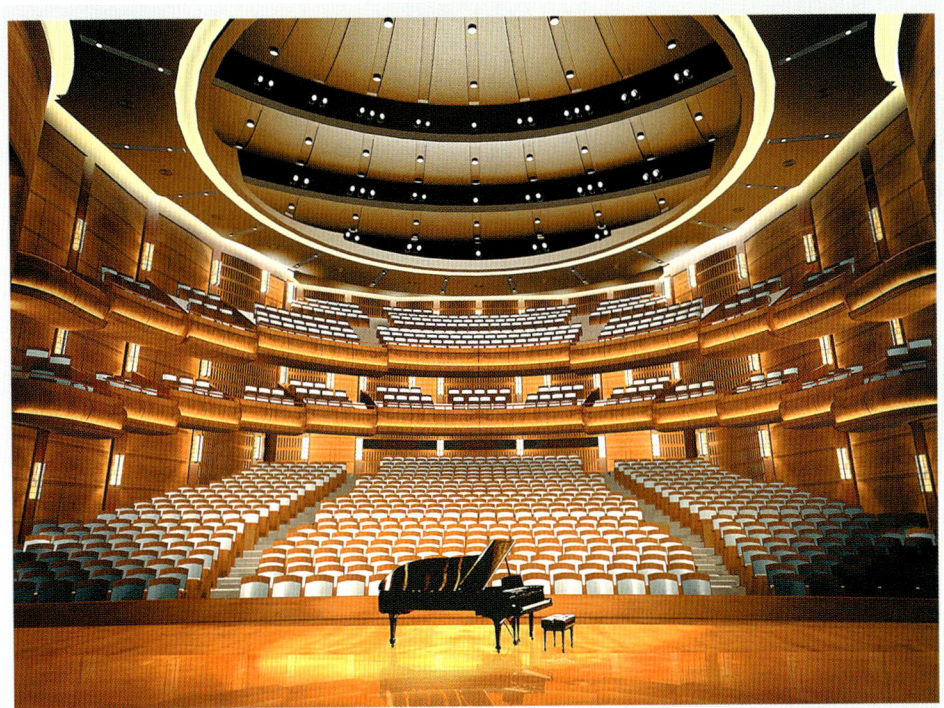
大剧场

实验剧场

会议中心400人报告厅

图书馆开敞式阅览厅

图书馆门厅

### 设计说明

大连文化中心是集市民文化、娱乐、休闲及会议功能的大型综合性公共建筑，它包括剧院、图书馆、会议中心等，建成后将成为大连新区标志性建筑。其建筑设计由加拿大埃里克森设计公司完成，该建筑形象地反映大连背山面海的地理位置及对大连天然港湾的暗示。"山海"主题贯穿了整个建筑设计。室内设计是建筑设计的延伸和发展，我们以"海"文化为中心，进行室内空间的塑造和美化，剧院、图书馆空间分别以"艺术之海"、"知识之海"等主题配合相应的造型与色彩，与建筑设计"海湾"的设计理念相呼应，采用国际化的设计手法，融合传统的中国文化，力图创造一个完美的艺术文化空间。

会议中心多功能厅

剧场大厅

作品名称：人民大会堂湖北厅　作者：梁　晖　李　阳　梁竞云

作品名称：厦门、台湾文化交流中心　　作者：蔡万涯

**成果展厅**

亲情的交流，经济的交流，文化的交流……
所有的一切已化成数字符号，
一张厚厚的纸，
承载着无限的希望，
两只有力的铁钩，不！那是两只手，
共同支撑着历史的重担，
向人们诉说成功的喜悦……
天上，墙上的飘带，在空中舞动，
欢快、飘逸，
只是在编织美丽的明天。

**回顾展厅**

站在岸边遥望彼岸，
无边的大海承载着太多的岁月，
两岸的亲情，兄弟间的往来，
往日屋檐下的私语，
一切一切都历历在目，
邻居家的竹篱围墙以年旧失修，
看来那围墙以不重要了，
是啊，这围墙会让我们失去很多亲情，
就让它自己消亡吧……

作品名称：中国铁通集团办公楼设计方案　作者：曹继东

作品名称：可居1号宅  作者：黄兆华

作品名称：移动式旅游宾馆　作者：何　明

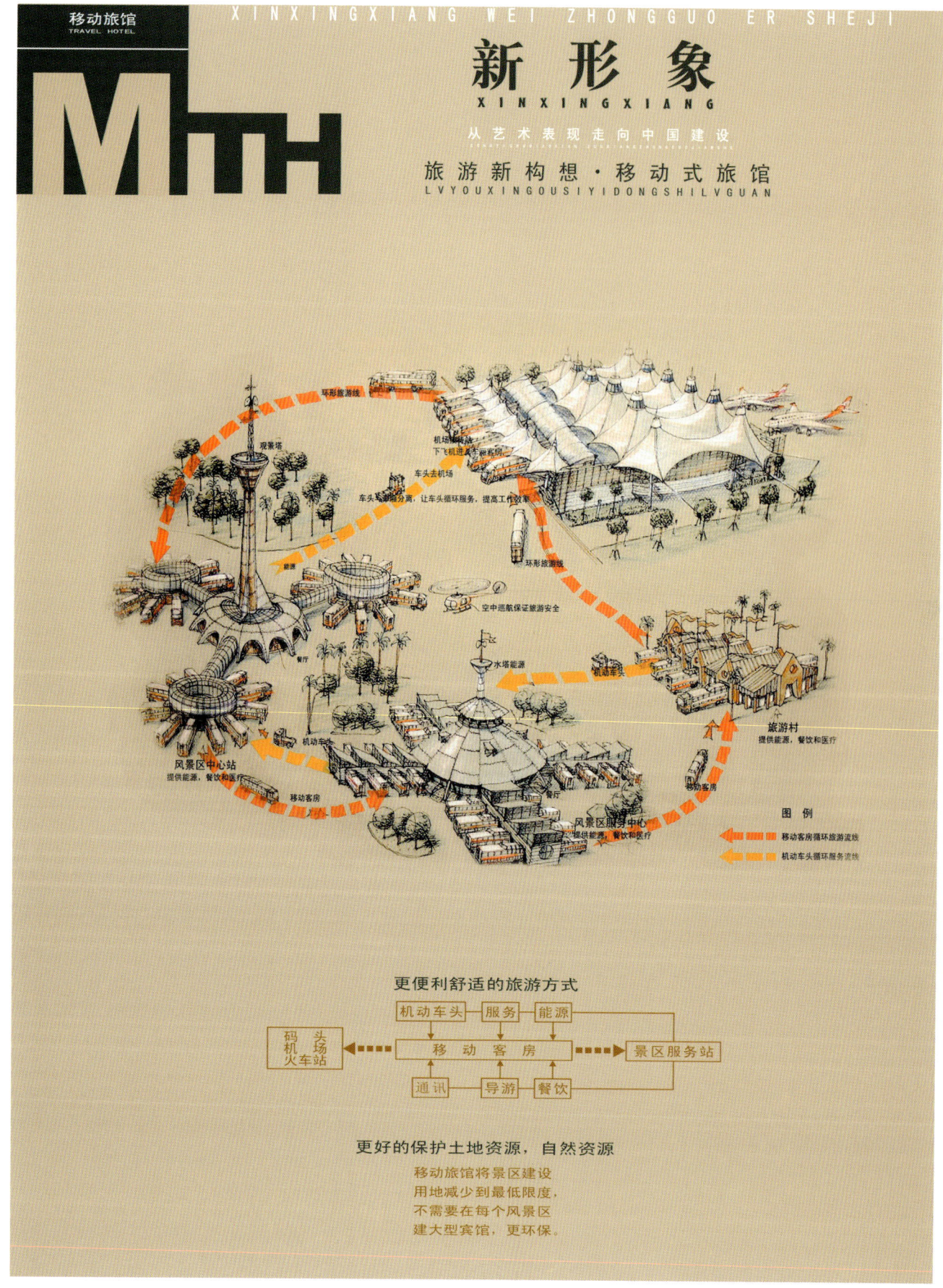

作品名称：中国地质大学博物馆展示设计　作者：周　彤　向东文

# THE DESIGN OF NEW IMAGERY FOR CHINA
## 中国地质大学博物馆展示设计研究
### CHINA UNIVERSITY OF GEOSCIENCES MUSEUM

互动展示
自然即我、我即自然
生命的符号

数字化的再现与历史的见证，展示生命的起源与进化

作品名称：辽宁省博物馆文物综合展　作者：郭旭阳

# 辽宁省博物馆文物综合展

作品名称：中国盒子　作者：常　成　杨　杨

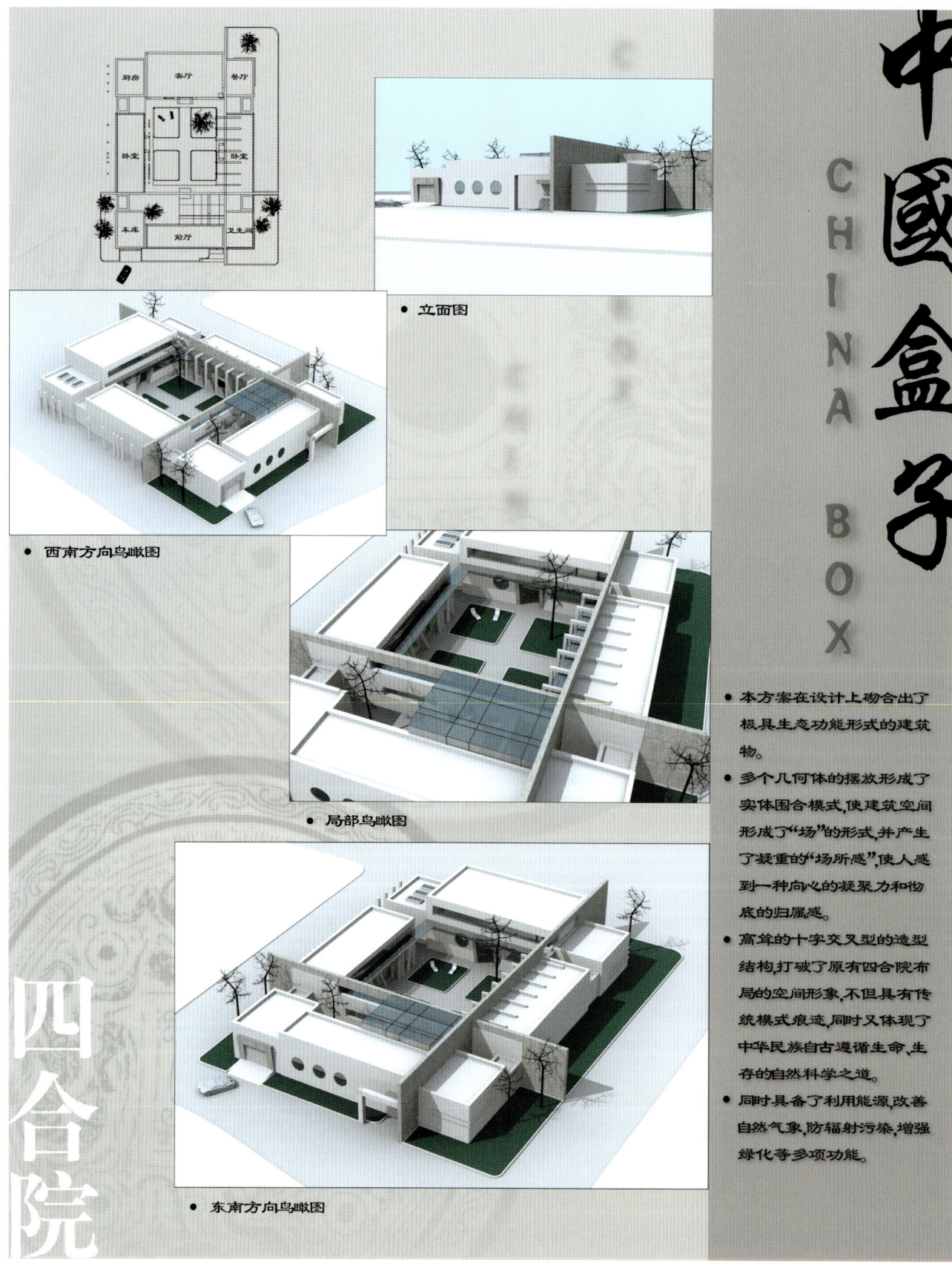

- 立面图
- 西南方向鸟瞰图
- 局部鸟瞰图
- 东南方向鸟瞰图

# 中國盒子
## CHINA BOX

## 四合院

- 本方案在设计上砌合出了极具生态功能形式的建筑物。
- 多个几何体的摆放形成了实体围合模式，使建筑空间形成了"场"的形式，并产生了凝重的"场所感"，使人感到一种向心的凝聚力和彻底的归属感。
- 高耸的十字交叉型的造型结构打破了原有四合院布局的空间形象，不但具有传统模式痕迹，同时又体现了中华民族自古遵循生命、生存的自然科学之道。
- 同时具备了利用能源改善自然气象，防辐射污染，增强绿化等多项功能。

作品名称：居住空间设计　作者：邱景亮

2004 为中国而设计——居住空间设计

作品名称：深圳海滨度假酒店　作者：蔡　强

作品名称：时间与空间的畅想  作者：朱乐耕

# 时间与空间的畅想
## 韩国汉城麦粒音乐厅环境陶艺设计

1. 麦粒音乐厅两侧墙面陶艺作品
2. 麦粒音乐厅侧面部分局部陶艺作品
3. 麦粒音乐厅正面舞台和部分侧面陶艺作品
4. 麦粒音乐厅舞台部分局部陶艺作品
5. 麦粒音乐厅舞台部分陶艺作品
6. 麦粒音乐厅二楼看台角度陶艺作品
7. 麦粒音乐厅后墙面陶艺作品

作品建筑地点：韩国麦粒音乐厅
作品名称："时间与空间的畅想"
设计制作单位：中国艺术研究院陶艺研究中心
烧成温度：1330度    烧成气氛：还原气氛
设计时间：2000年6月   竣工时间：2003年10月
建筑安装陶艺面积：500平方米
音响测试：由韩国汉阳大学音响设计系承担

作品艺术特色：
　　将高温瓷的材料用作音乐厅的内部装饰，这在世界上是第一次。因为音乐厅内部的墙面装饰不仅要考虑其作品的环境空间艺术效果，还必须考虑其对声音的反射效果。因此在装饰的形式上必须要有新的考虑，墙面是根据声音反射的要求，用各种凹凸的几何形块面组成。其色彩的斑斓与造型的节奏感，使演奏者与四周的墙面融为一个艺术的整体。一般音乐厅演奏的回音效果是1.2秒，但麦粒音乐厅却可达1.5秒至1.7秒。该作品在音乐厅中落成后，在韩国音乐界、建筑界、陶瓷艺术界引起了极大的反响。韩国所有重要的报刊杂志、电视台对作品及作者进行了专题报道和采访。该音乐厅现已成为韩国最有艺术特点和音响效果最好的音乐厅。

地址：北京市惠新北里甲1号　中国艺术研究院陶艺研究中心
邮编：100029
电话：010—64952449  64939912

作品名称：宁波市月湖公园景观设计　作者：樊　帆

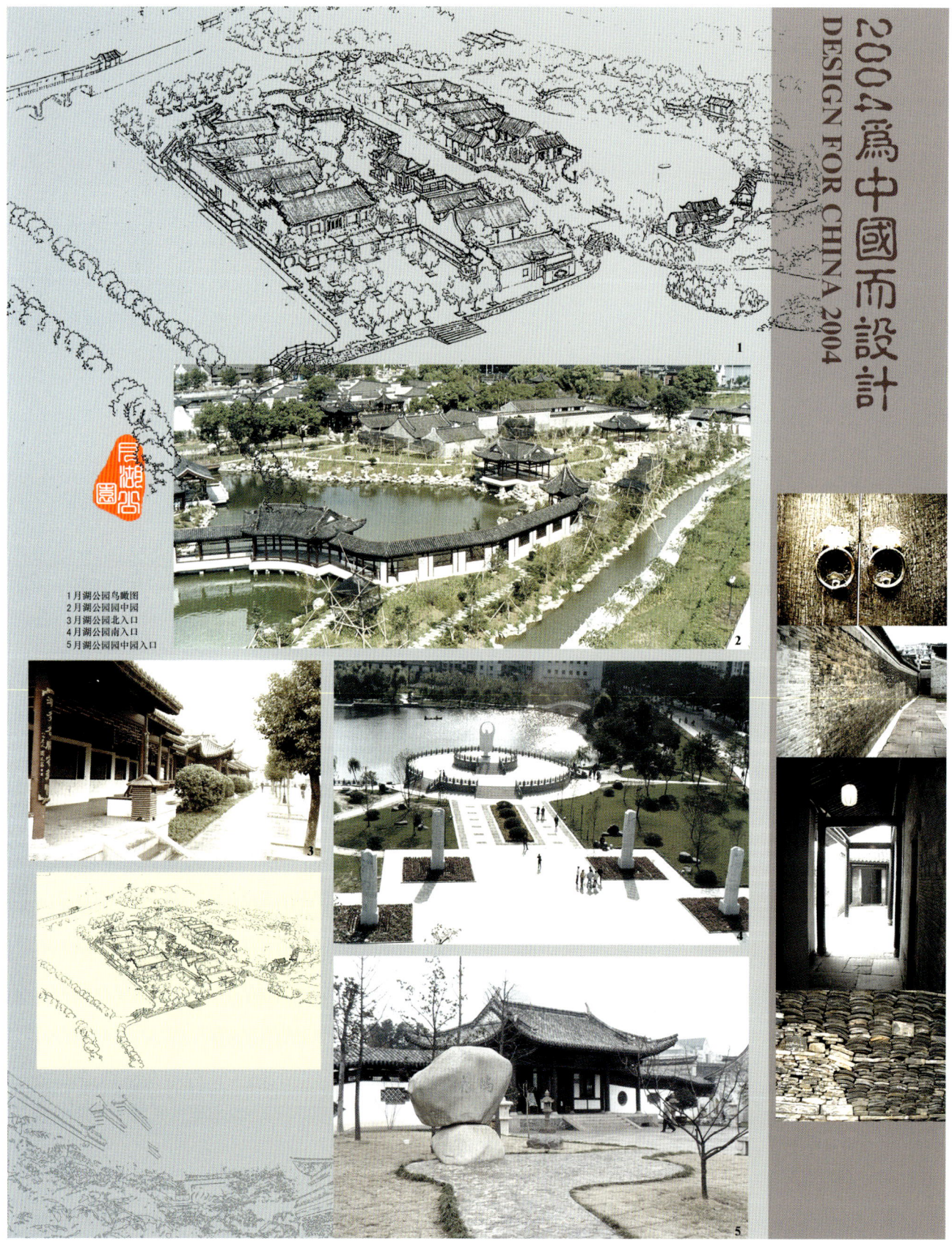

1 月湖公园鸟瞰图
2 月湖公园园中园
3 月湖公园北入口
4 月湖公园南入口
5 月湖公园园中园入口

作品名称：重庆新山水、大梯步广场概念设计　作者：四川美术学院

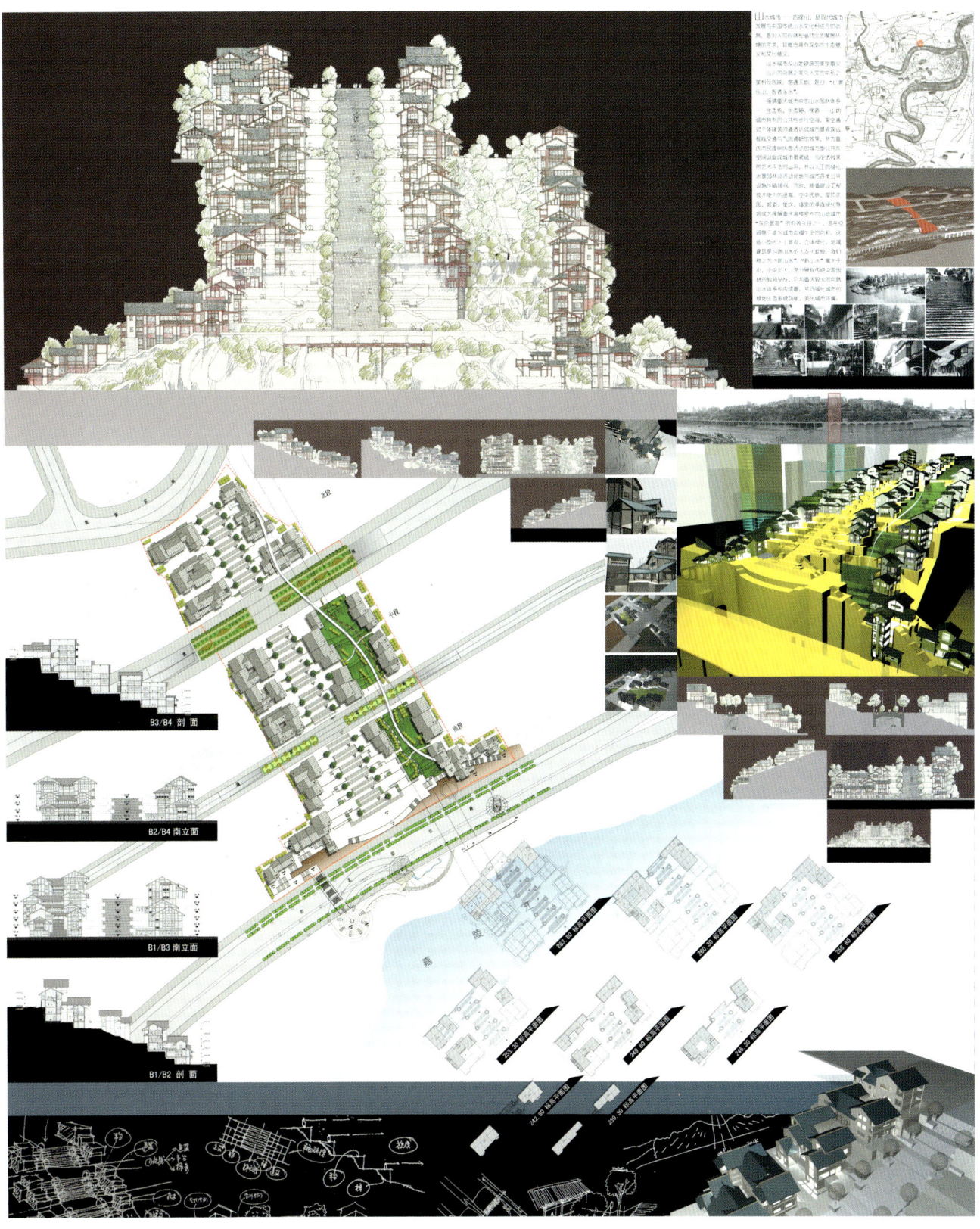

作品名称：济南食府室内设计方案　作者：李春郁　甘露平　刁海涛

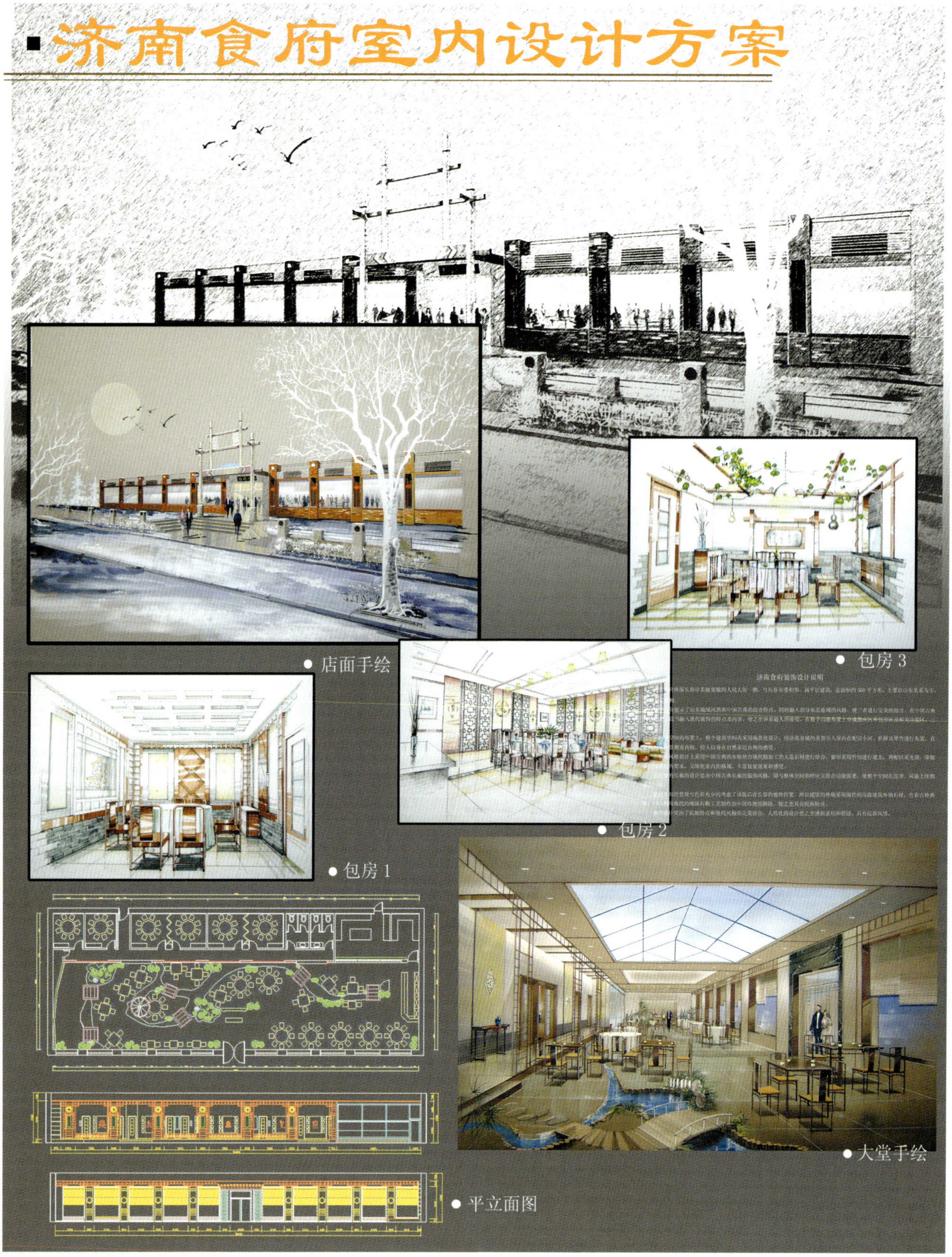
济南食府室内设计方案
店面手绘
包房 3
济南食府装饰设计说明
包房 2
包房 1
大堂手绘
平立面图

作品名称：山海关国家森林公园入口休闲广场　　作者：王　伟

# 山海关国家森林公园入口休闲广场

## 设计说明

广场设计着眼于山海关市深厚的旅游文化底蕴和森林公园博大的自然环境。设计中我们导入设计总控理念，将广场中的入口山门、建筑、服务设施与自然山水、山石、植物相互渗透。利用地势高差，运用借景等多种景观设计手法，艺术地将休闲广场与自然园林景观结合起来，同时注重繁与繁闲的衔接、避免繁簇间的隔离、枯燥。广场以山门入口为界其外部空间设计为开放型的文化休闲广场，山门内侧景观设计以园林景致为主。

作为入园游人的一个集散空间，广场集旅游休闲、旅游文化产业、森林公园标志为一体。由于南山距沈海高速公路较近，广场主体山门设计从森林公园的主题及山海关独特的历史人文中提取出"山、海、天"等设计元素，将其运用于山门的设计中。广场设计总面积、停车场面积、旅游餐饮服务用地以旅游高峰期每天5000人游客量为设计依据。

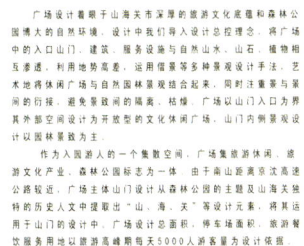
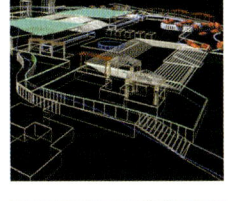

入口广场设计面积 26000 m²
停车场 4000 m²
广场硬铺装 3000 m²
休闲生态园 6000 m²
商业服务区 3000 m²
园林景观区 6000 m²

作品名称：三峡博物馆 重庆大轰炸展厅　　作者：王　伟　郭旭阳

## 三峡博物馆　重庆大轰炸展厅

"半景画"展厅

"半景画"展厅

A 上清寺　B 两路口　C 苏联大使馆　D 嘉陵江　E 英国大使馆　F 法国大使馆　G 若瑟教堂　H 较场口　I 中央公园　J 周家大院　K 东水门码头　L 陕西街一带　M 轮渡码头　N 民生码头　O 朝天门码头　P 美国军舰图图拉号　Q 长江　R 龙门浩

重庆大轰炸半景画场景设计以招标方提供的参考文案为基本，在参阅大量的相关历史资料的基础上，通过艺术化的提炼和处理，力求真实生动地重现日本法西斯对重庆进行长达五年半的野蛮轰炸情景。大轰炸半景画创作以表现震惊中外的"五·三"、"五·四"血腥大轰炸的惨痛场面为主体内容。

作品名称：香格里嘉园家居　　作者：刘 伟

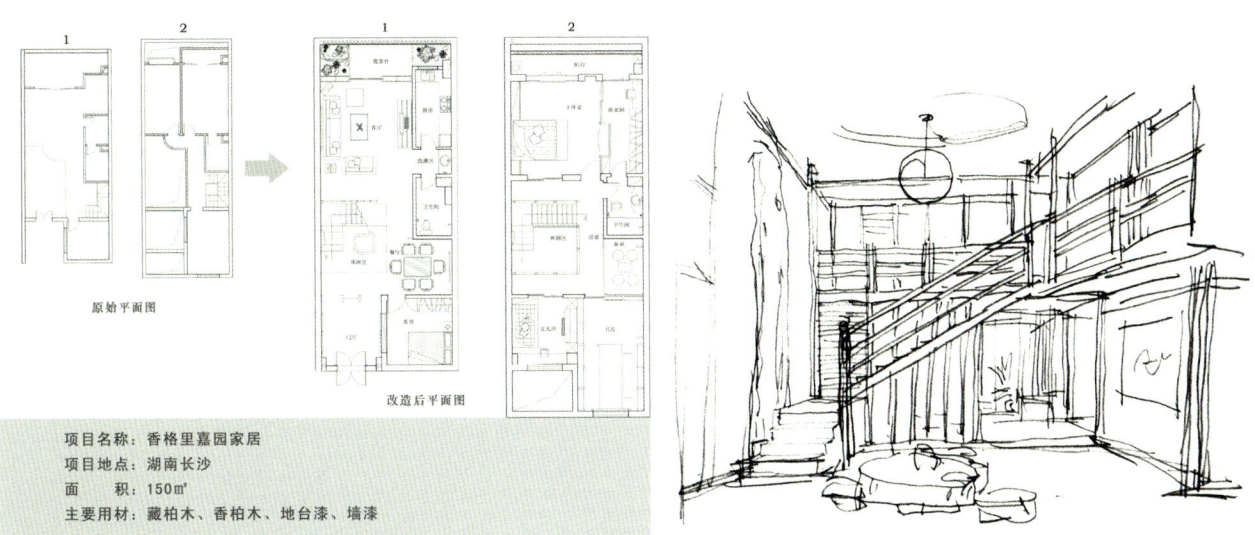

项目名称：香格里嘉园家居
项目地点：湖南长沙
面　　积：150m²
主要用材：藏柏木、香柏木、地台漆、墙漆

| | 餐厅 | 客厅 | 茶室 |
|---|---|---|---|
| 中庭 | 客厅 | 阳台 | 茶室 |
| 俯视中庭 | 门厅 | | 主卧室 |
| 楼梯 | 挑空中庭 | 过道 | 书房 |

作品名称：人民大会堂陕西厅室内空间设计　作者：西安美术学院建筑环境艺术系景观环境艺术研究所

贰零零肆 为中国而设计

人民大会堂陕西厅室内空间设计 方案二

主厅透视一
主厅透视二
主厅透视三
入口透视
主厅透视四

作品名称：西安邮电学院新校区景观规划设计　　作者：西安国展装饰工程有限公司

作品名称：上海东方艺术中心　作者：中建三局东方装饰设计工程公司

## 上海东方艺术中心

东方艺术中心建于浦东新区世纪大道东北侧杨高路丁香路之间。占地面积23161平方米，总建筑面积394964平方米。主要包括2000座交响乐大厅，1100座中剧场，300座小演奏厅三部分。

室内设计中充分体现建筑设计中法兰西的浪漫风格.努力使室内与室外风格达到统一.尤其是演员休息厅其顶部灯的处理采用建筑平面符号形式.使室内与室外融为一体.室内设计得到了评委会的赞扬.并得到本项目建筑设计单位法国巴黎机场公司与华东建筑设计研究院有限公司的肯定。

作品名称：太平洋保险职业学院专家别墅设计方案　作者：中建三局东方装饰设计工程公司

太平洋保险职业学院专家别墅设计方案

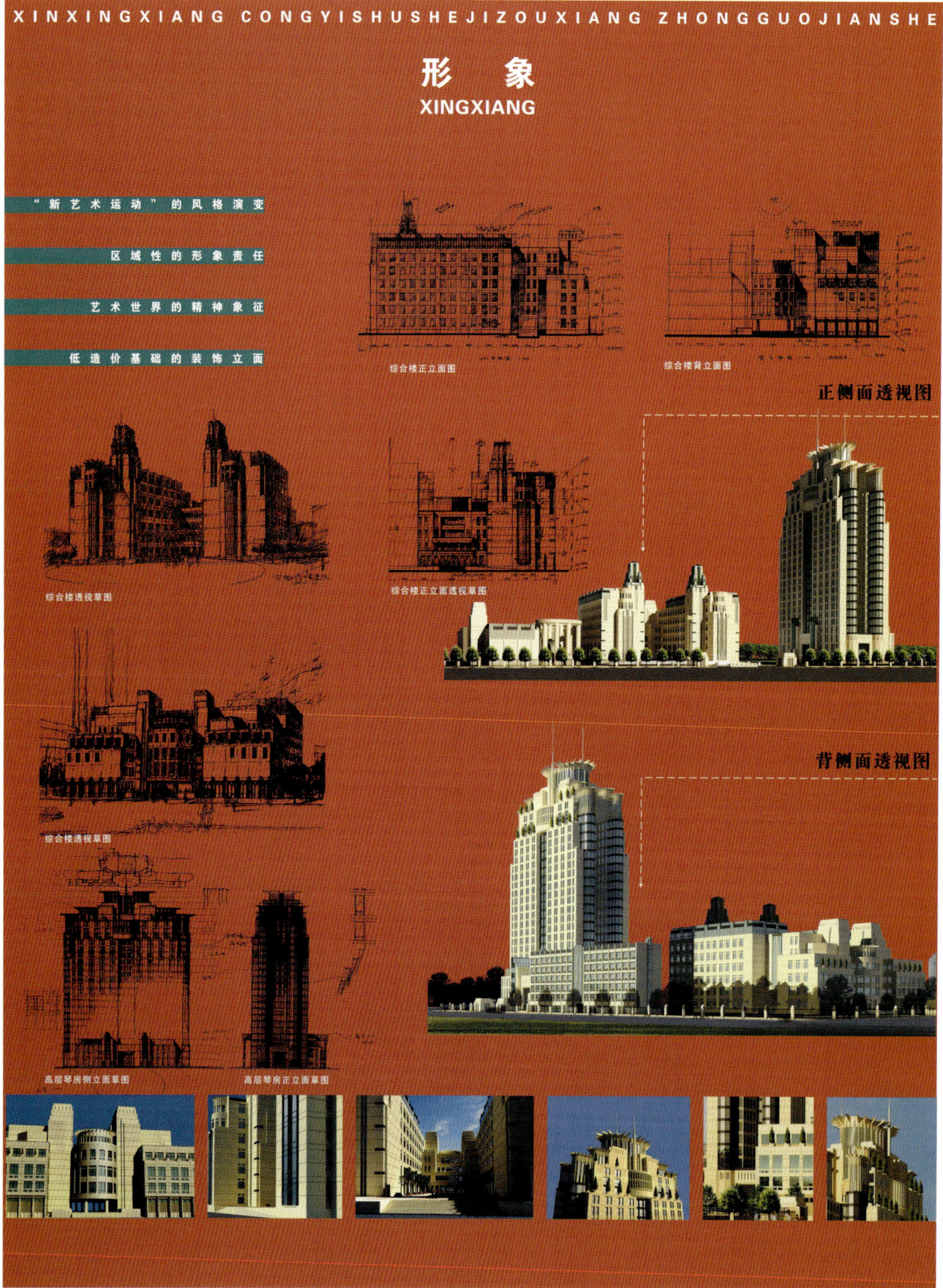

作品名称：图书馆室内设计  作者：宋立民  邹京康

图书馆入口设计

图书馆大厅设计

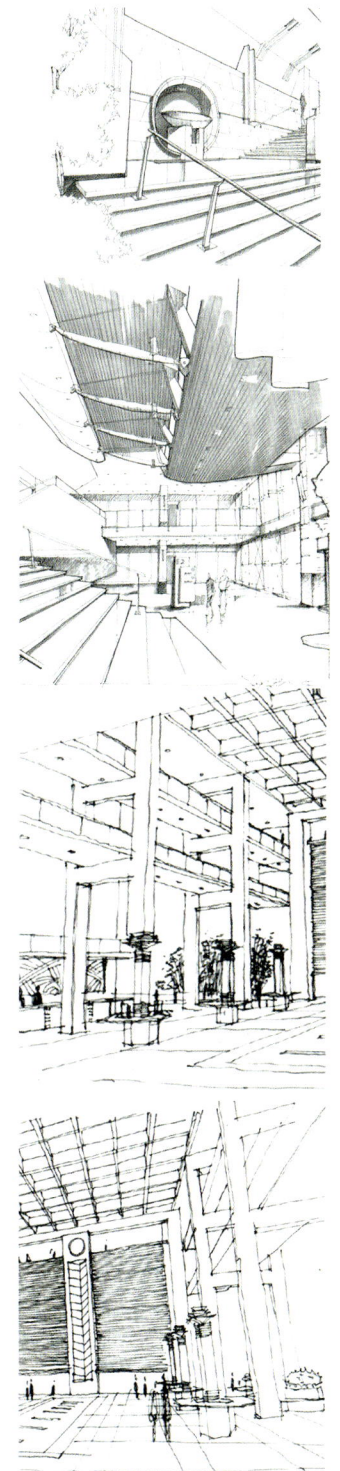

作品名称：景观链　　作者：刘北光　刘毅娟　杨　东

### 景观链

景观链的概念创造了一个有力的公共结构，使阳光生物园能充分适应未来的发展。景观链由六个元素构成。它们令人舒心、感动和恬静的自然环境空间为单一的功能工业园区，创造了调剂身心的环境。景观链的概念基于中国传统的哲学符号——金、木、水、火、土。例如，以代表金（名曰点金场）；矿石与不同的金属板构成的雕塑为中心展开并向四周发散，散到景观区中的金景观；以代表森林、树木、植物的环境雕塑为中心展开的木景观（名曰千木林）；以体现水的本源形式的环境场拓展的水景观（名曰圣水林）；以展现火的轨迹，火为神圣力星为中心的火景观（名曰阳春谷）；以土地脉动的心律所展现的土景观（名曰万家坡）。始终归于天方地圆的入口景观场（名曰擎方圆）。贯穿此工业园的景观链，犹如一条元素符号的珍珠项链，形成连绵的工业园区的景观。景观链的主体空间，结构为擎方圆、点金场、千叶林、圣水林、阳春谷、万家坡六个点元素组成。以金、木、水、火、土为主题的景观雕塑好比是散布在这个主体结构上的珍珠，并由一条游车交通系统把上述元素串联起来。

作品名称：养马岛天马广场二十八星宿红柱阵景观设计　　作者：蔺震生

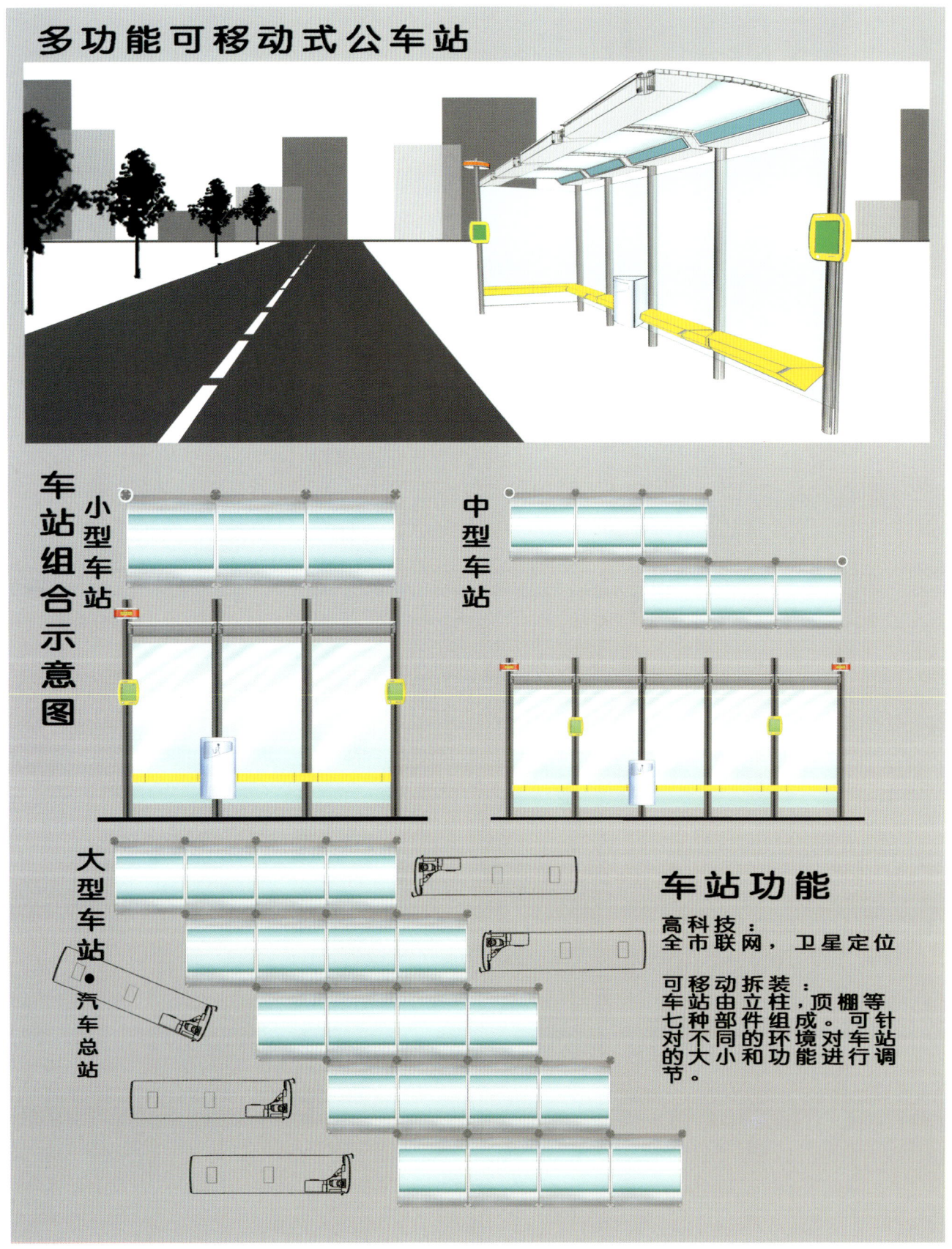

作品名称：唐山某区政府大门设计　　作者：翟炎锋

作品名称：唐山某区政府大门设计　　2003年

设计说明：为唐山市某区政府大门设计，利用现代城市雕塑的造型手法和鲜明的色彩，大胆突破了以往传统"门"的概念，使之既能满足地域限定与安全保卫的需要，又可以以一种现代雕塑的形态为当地增添艺术气氛，使之成为一个雕塑、一个地标、一个景观。

根据环境可以设计多种色彩变化

作品名称：桃源宾馆室内设计　作者：翟炎锋

作品名称：平原县桃源宾馆贵宾休息室　　2004年设计

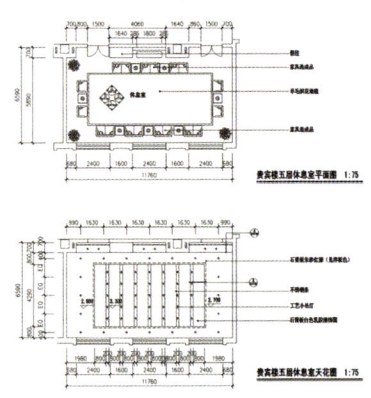

作品名称：桃源宾馆中式高级套房卧室　　2004年设计

宾馆整体设计参考汉代设计风格，采用中国传统最具代表性的红色、黑色、金色为基本色调，利用现代简洁大方的元素进行室内空间设计。

作品名称：中华茶艺山庄总体规划　作者：陈六汀

全景鸟瞰图

作品名称：中国数码港室内设计　作者：管云嘉

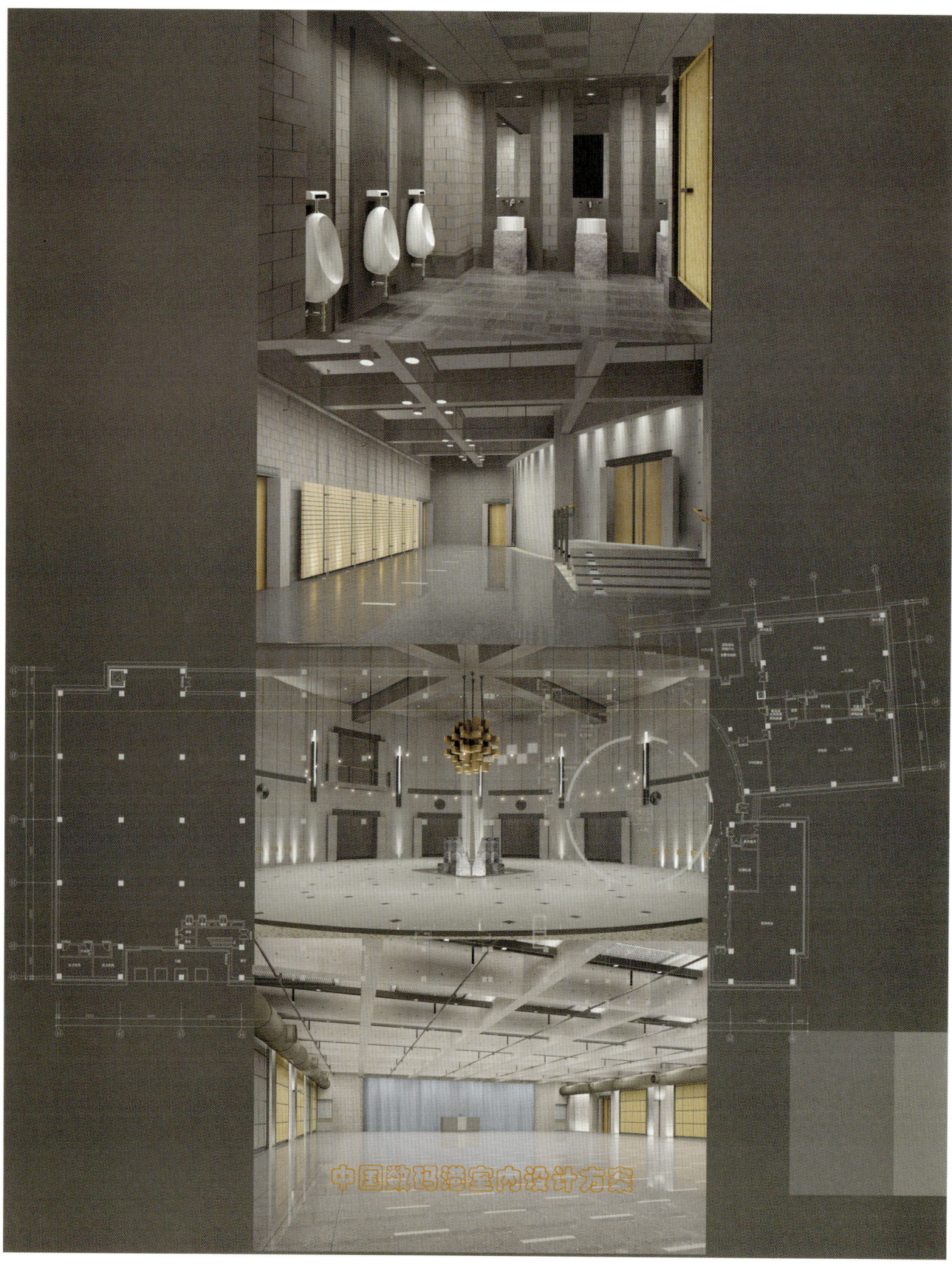

# 铁山坪生态园宾馆部分 I

### 重庆铁山坪生态度假宾馆设计简释

**项目情况** 铁山坪生态园是一个集种植、度假旅游、有氧运动、风味餐饮和植物观赏为一体的度假园区。深丘地带、地形变化丰富、植被茂密，占地800余亩。度假宾馆座落其间，建筑面积3400余平方米，是该园区业态中重要的组成部分。

**设计思想** 根据园区总体环境和业态经营特征确立围绕生态观光旅游为主线的设计思想。摒弃都市商务酒店设计程式，突出自然生态特征，体现环境中的人文意义。注重室内、外的沟通与共融，力求建立人、建筑、自然之间的和谐关系。

**设计特色** 以现代简约的设计方式诠释游客在该环境中生活状态。淡化风格，以简洁、中性、朴素的设计语汇进行表达。尽可能的尊重建筑室内的原貌，在现代与传统元素的引用中呈现舒缓、宽容的氛围。

**材料** 在材料上追求简洁单纯，通过多变的处理手法达到丰富体现材料特质的效果。
主材：石材、石英沙、水泥、木材、藤、玻璃。

大堂　楼梯过道

餐厅

会议室

作品名称：铁山坪生态园宾馆　作者：潘召南

作品名称：建筑室内设计　作者：彭　军

此建筑坐落在天津承德道一号，原为二十世纪初八国联军侵占天津时期，法国殖民主义者建造的"领事馆"。原建筑因年久失修已破败不堪。

进入二十一世纪，天津加快城市景观改造的进程，对有保留价值的建筑进行整修保护，丰富城市历史风貌。

本设计依照使用要求恢复本建筑的办公、会客功能，以原建筑的样式为依据，展现法式古典建筑与室内的艺术风格。

办公室　　　　　　　　　门厅　　　　　　　　　餐厅

会客厅

作品名称：中餐厅室内空间设计　作者：苑金章

本作品为北京商务会馆一层中餐厅室内空间设计，建筑面积600M²，甲方要求保留原地面，顶部小改动，投资小。

作品名称：河北长城饭店外环境设计　作者：杨冬江　崔笑声　杨永生　陈 晔

## 河北长城饭店外环境设计

**方案简介**

本案为中标方案
施工日期 2004年03月—2004年12月
总面积：30,000m

**设计理念**

脉络变化——需要、脉络、形式
需要 空间要求：关系；主次；进程；
目的；入口；环境
脉络 基地：分区；服务；大气候；小
气候；邻近建筑物；车辆入口
形式 分区：交通；结构；围护；建造
过程：能源：形象
通过对其深入分析，融入个性成份、
中国传统概念的运用由理念的分析走
向实际建造过程

作品名称：山东工艺美术学院新校区总体规划　作者：周宇舫　韩文强　陈雨　柯毅

# Shandong the College Of Arts

**山东工艺美术学院新校区规划与建筑设计** 新校区位于济南东郊，三面环山，自然条件极其优越，南面是与城区连接的快速路。规划主要沿道路北侧，布置在地形较为平坦的区域里，采用了对自然环境最为有利的规划策略。总体规划以上才用南北与东西两条轴线的规划方法，南北为虚轴，具有精神象征性，东西轴为功能轴，安排一系列学校相关功能，以分区明确又联系紧密为原则排列。教学区将公共教室布置与中心圆廊中，各系由此向外放射，形成分枝。具有便于各系同学的交流。形成既分又合的结构，灵活可变。

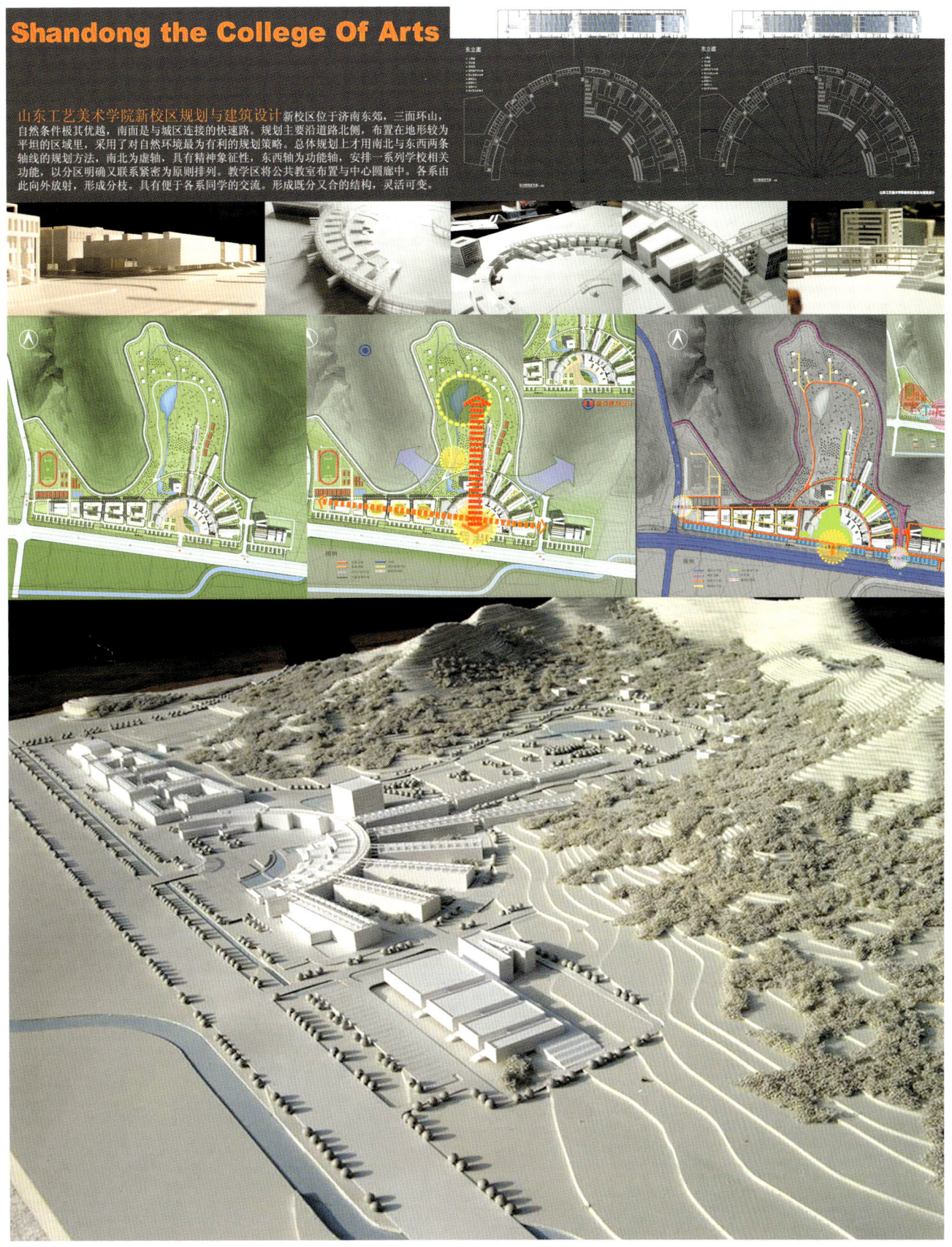

作品名称：福建师范大学新校区景观设计　作者：毛文正　王　鸿

# 福建师范大学新校区景观设计

## 形象及文化理念

1、凸显百年老校的文化积淀
A 以校门和行政广场为标志，显示老校的百年底蕴
B 广场在视觉上呈现开合感的同时，展现开放的胸怀
C 追求主干道路色彩的稳重感
D 以主题雕塑呈现历史感和生命活力
2、展示学区的文化蕴涵，体现学术和人性的开放
A 以图书馆广场为标志，通过诸种文化性景观形态，体现一种文化蕴涵，成为校园文化性活动的中心
B 空间的开放让人联想学术和人性的开放活力
C 面积草坪提供的开阔视野、舒畅的心情
D 在文化名人纪念性雕塑园中关于历史和文化的沉思
E 通过景观性构筑物与艺术性VI丰富广场的结构
3、绽放学子青春的活力
A 以公共教学区之间的音乐广场为标志
B 娱乐性活动的中心
C 音乐与旱地喷泉及灯光的组合

## 自然及环境理念

1、山水学村
A 水系统的运用：借现有江、溪水系，营造滩、洲、涧、池、塘、泉等水形态，获取环水、断水、凭水、亲水、观水等人性感受
　看山与借山：利用已有山体的同时，根据地形和用地原则，筑坡成景
2、生态关怀
A 水系统的循环和洁净
消防与灌溉功能的结合
B 通过栽植凸显气候、地理特征和季节变换，
江岸及山体的原有植被尽可能地保护，
构筑生态墙，获取建筑周边的隔音功能及防辐射效果
，
规划部分以野趣和自然为主题的原生性，
带避免外来物种的入侵
C 景观用材尽可能使用天然材料如石、沙、木等

## 艺术理念

新区价值系统展现新学校的新形象，新的办学方向、发展空间的建立及其价值。

## 系统分类

广场系统：四个主题广场，两个节点广场
江岸系统：五段特色江岸
溪流系统：'一主干道，四段特色溪景'
步行道路系统
次级道路系统
雕塑系统
景观性构筑物及户外家具
灯光及音响系统

作品名称："阳光广场" 大连金石滩主题公园入口　　作者：鲁迅美术学院环境艺术系景观工作室

夜景效果图

效果图　　平面图

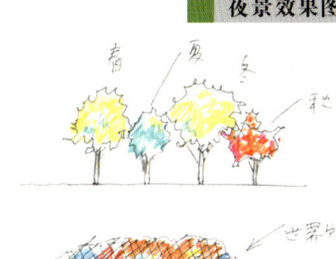

太阳广场创意方案

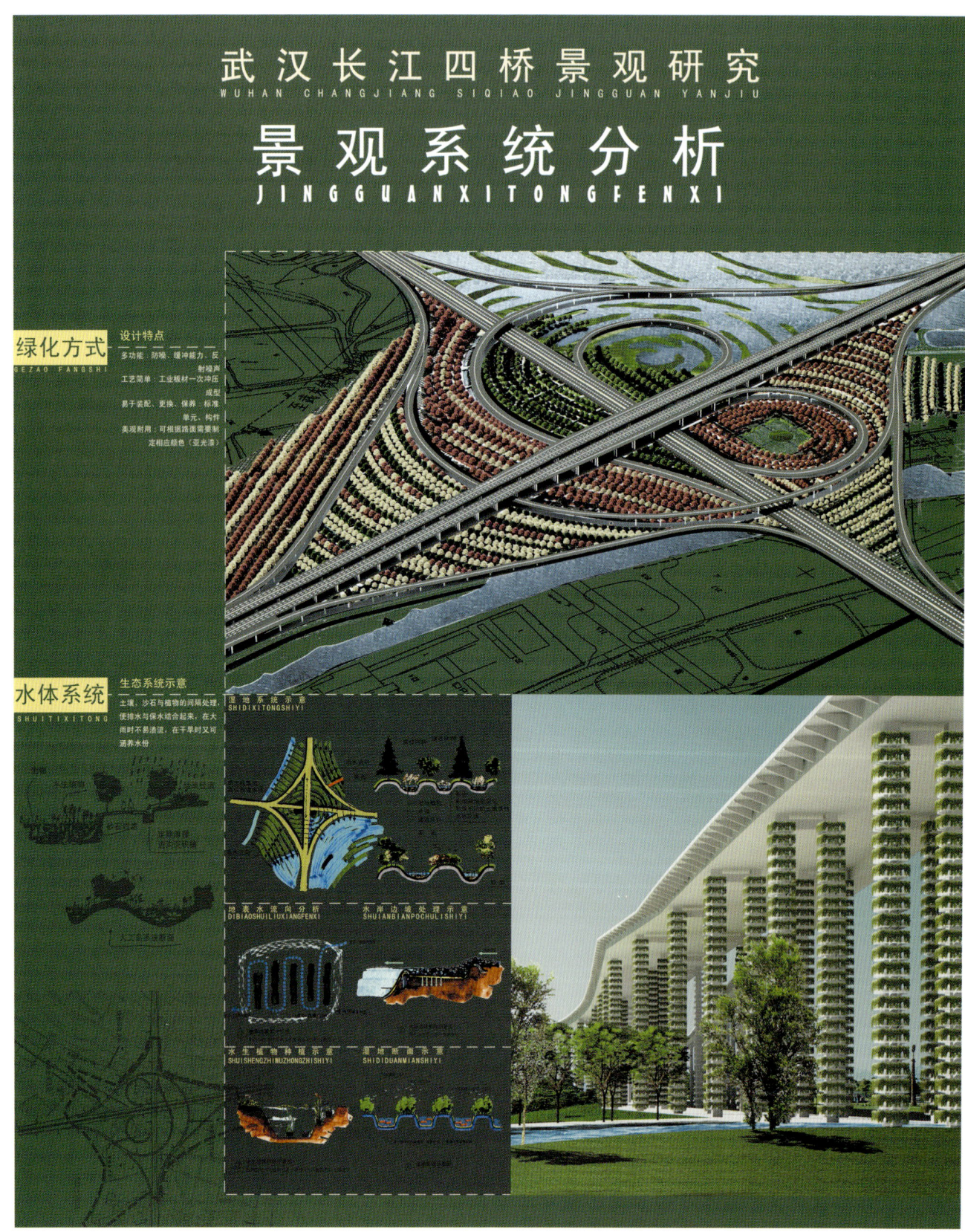

作品名称：老工业区的新生　作者：詹旭军　郭　凯　丁　凯　吴　珏

# 实 施
SHISHI

作品名称：工业设计应用　作者：黄学军　张　进　郭和平　吴　珏　丁　凯　郭　凯　王　飞

# 色彩与形态
## SECAIYUXINGTAI

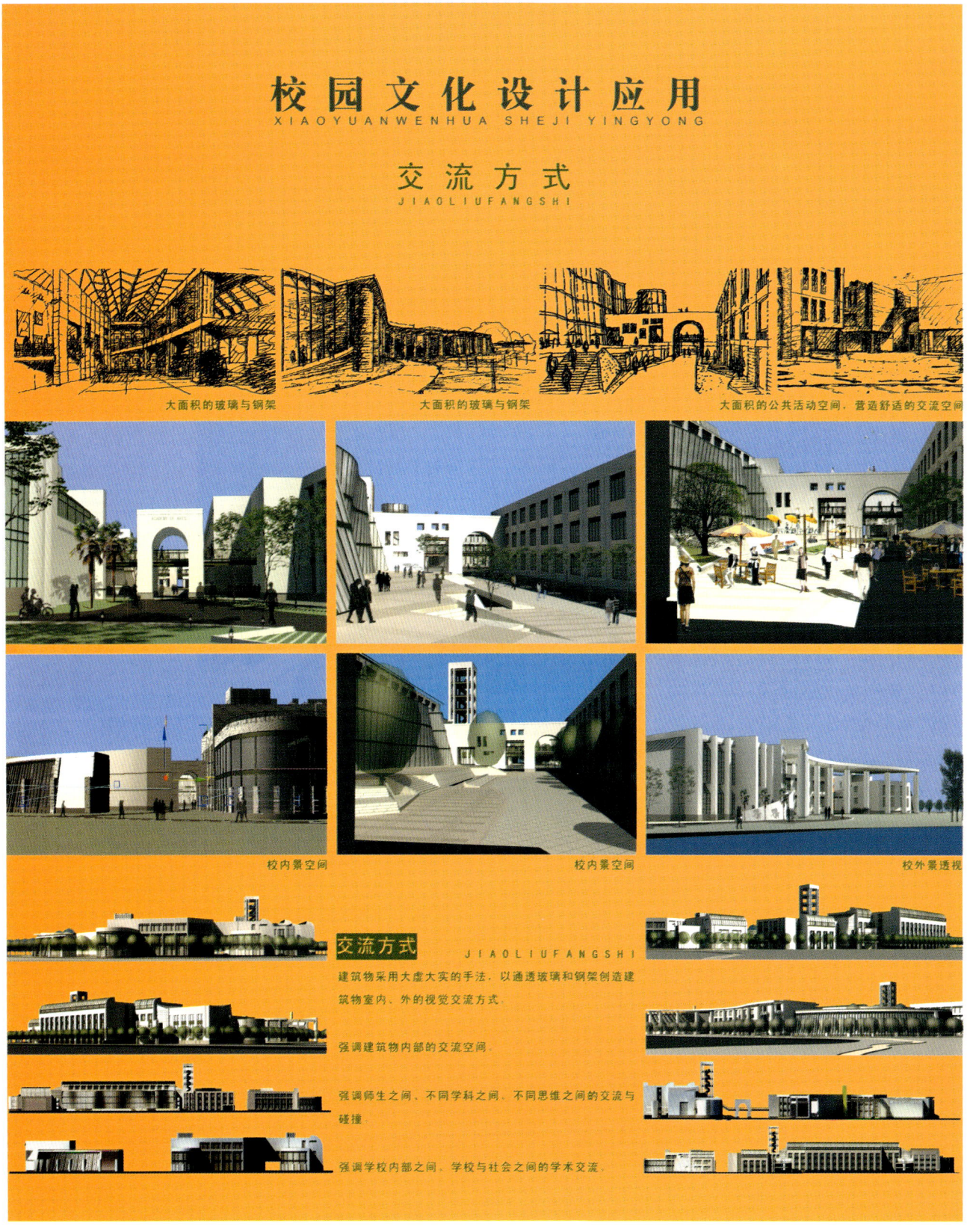

作品名称：小区景观环境艺术设计　　作者：高　颖　兰玉琪

太阳8&9点小区是一个6万平方米的商住小区，它的规划特点是打破组团绿地的规划思路，将绿化景观分解成五部分，由楼间组成的围合庭院、小区中心的南北林荫大道和中心景观几部分。根据该小区的规划特点，将四个庭院按春、夏、秋、冬四个主线从植物配置上，在满足园中四季常绿的前提下，突出主打树种的季节特点，比如春园植春桃迎春；夏园植荷花垂柳；秋园植菊花枫树；冬园植冬梅雪松。在园林小品上体现地域特色并与季节相协调，并从材质上做区分，比如冬园做了东北风格的桦棒式小木屋、园木地台；夏园采用江南水乡特有的白墙青瓦做成的景墙及大块鹅卵石铺成的水塘，秋园采用石材做景墙，片石做成屋面的凉亭，春园采用竹制的凉亭和围栏。这样的小品设计使每个庭院各具有鲜明的地域特点。

——"阳光8。9"小区景观环境艺术设计

——冬园

——中心景观

——春园

——夏园

——秋园

——小区总平面图

作品名称：浙江浦江市西山公园原生态景观设计　　作者：于历战

# 浙江浦江市西山公园
## 原生态景观设计

C-C 剖面图

B-B 剖面图

A-A 剖面图

D-D 剖面图

尊重自然　　尊重植物

学生组 金 奖获奖作品

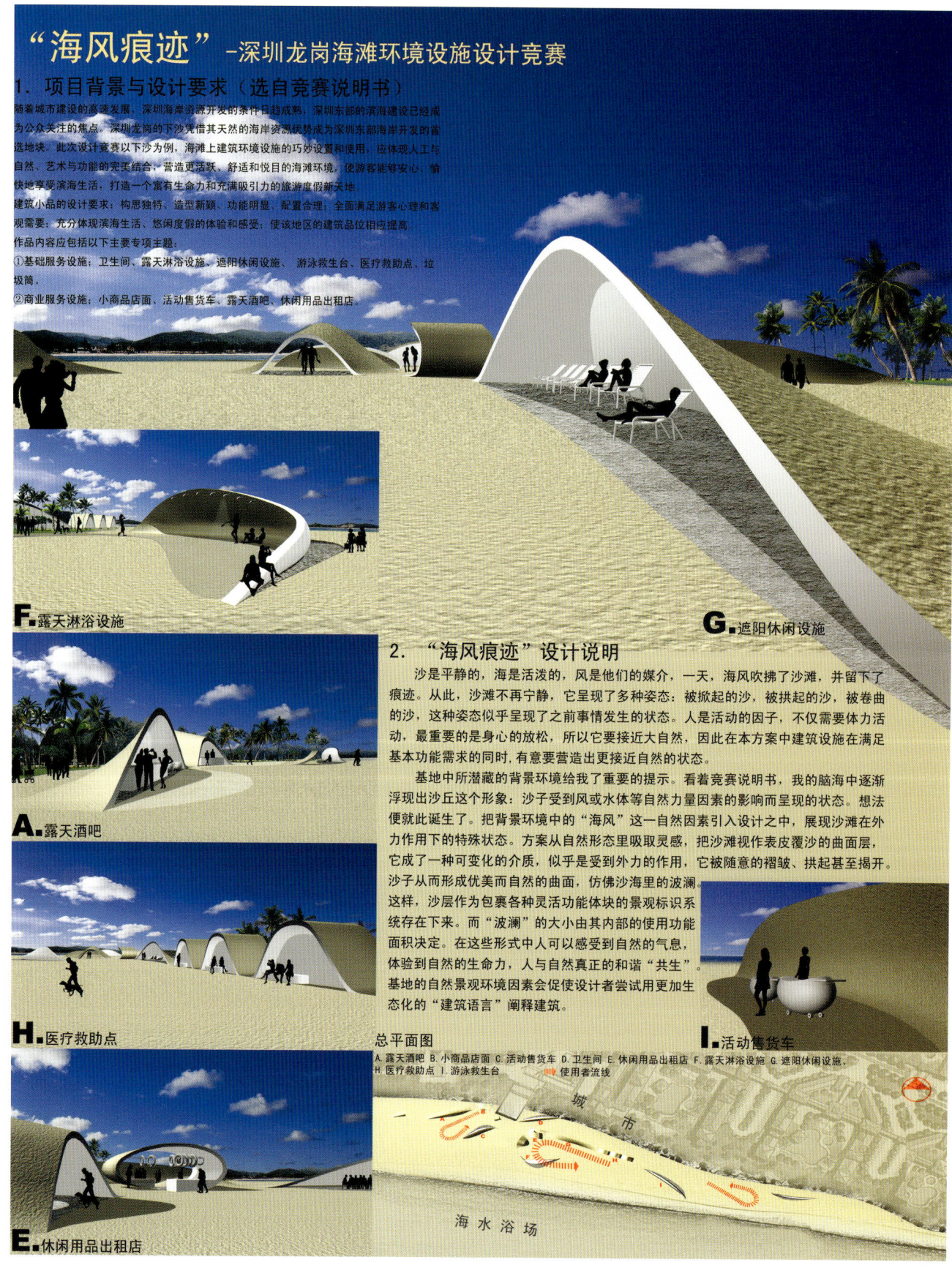

作品名称：树宅　　作者：宋曙华　陈立超

伍公山上
树木受虐成丑树

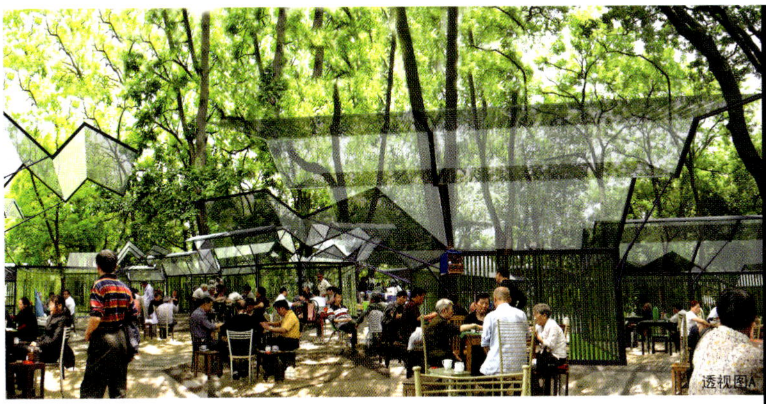

# 树宅

伍公山露天茶室是杭州现存并不多见的，自发性低消费的普通群众休闲娱乐场所。这种自发性场所特有的地域文化应该受到重视和保护。但人们在山上过于频繁的活动使山林中的树木受到了严重的影响。（详见当地媒体报道）。

我们的工作是围绕着如何保留自发性地域文化场所和保护场所中现有的树木展开的。我们运用开有"窗子"的竹屏对现有树木分组围合，使场所中的树木被隔离而受到保护。同时考虑到露天茶室遮风挡雨的功能需要，在竹屏上加上了一些可以伸展收缩的半透明棚子，于是整个构筑物像一个装了树的被打开的盒子，我们称它为"树宅"。

"树宅"将在伍公山露天茶室扮演多重角色：

(1) 融入环境，并保护了树木。
(2) 整合界定了原有的茶室空间使这种自发性地域文化场所得以保留和发展。
(3) 通过我们的这种保护措施，避免了破坏性城市改造的入侵。

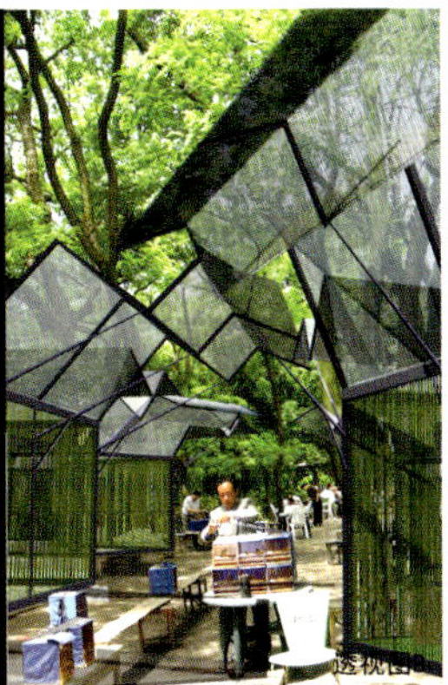

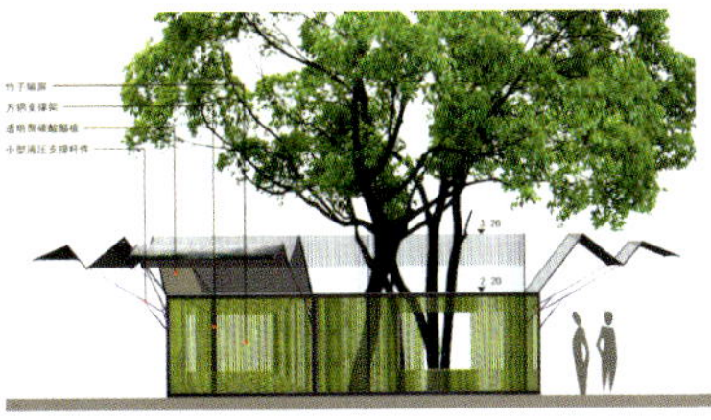

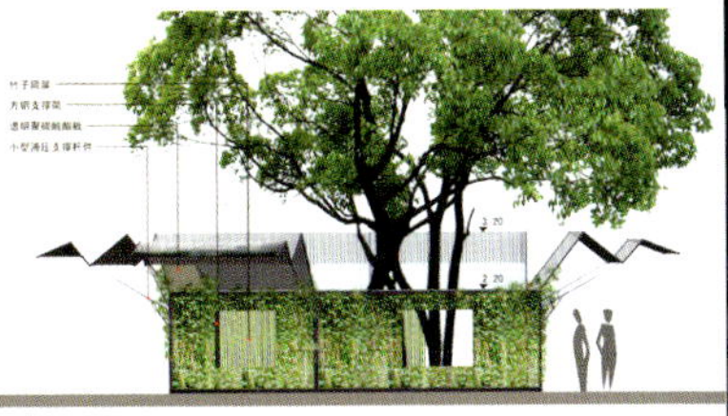

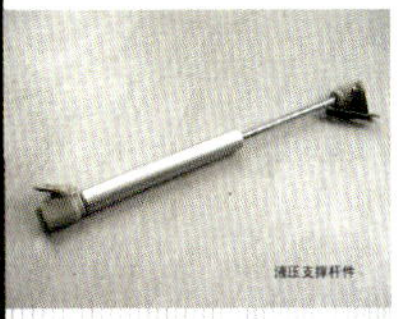

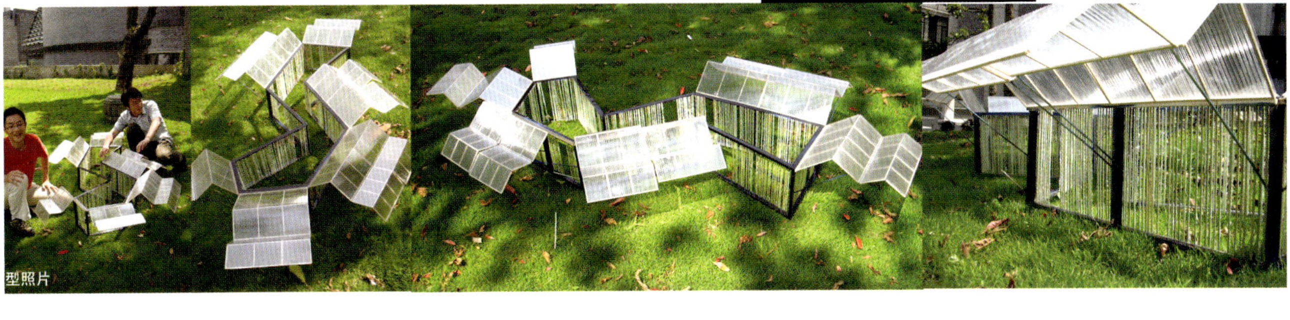

作品名称：摇滚部落建筑设计　作者：朱绍军

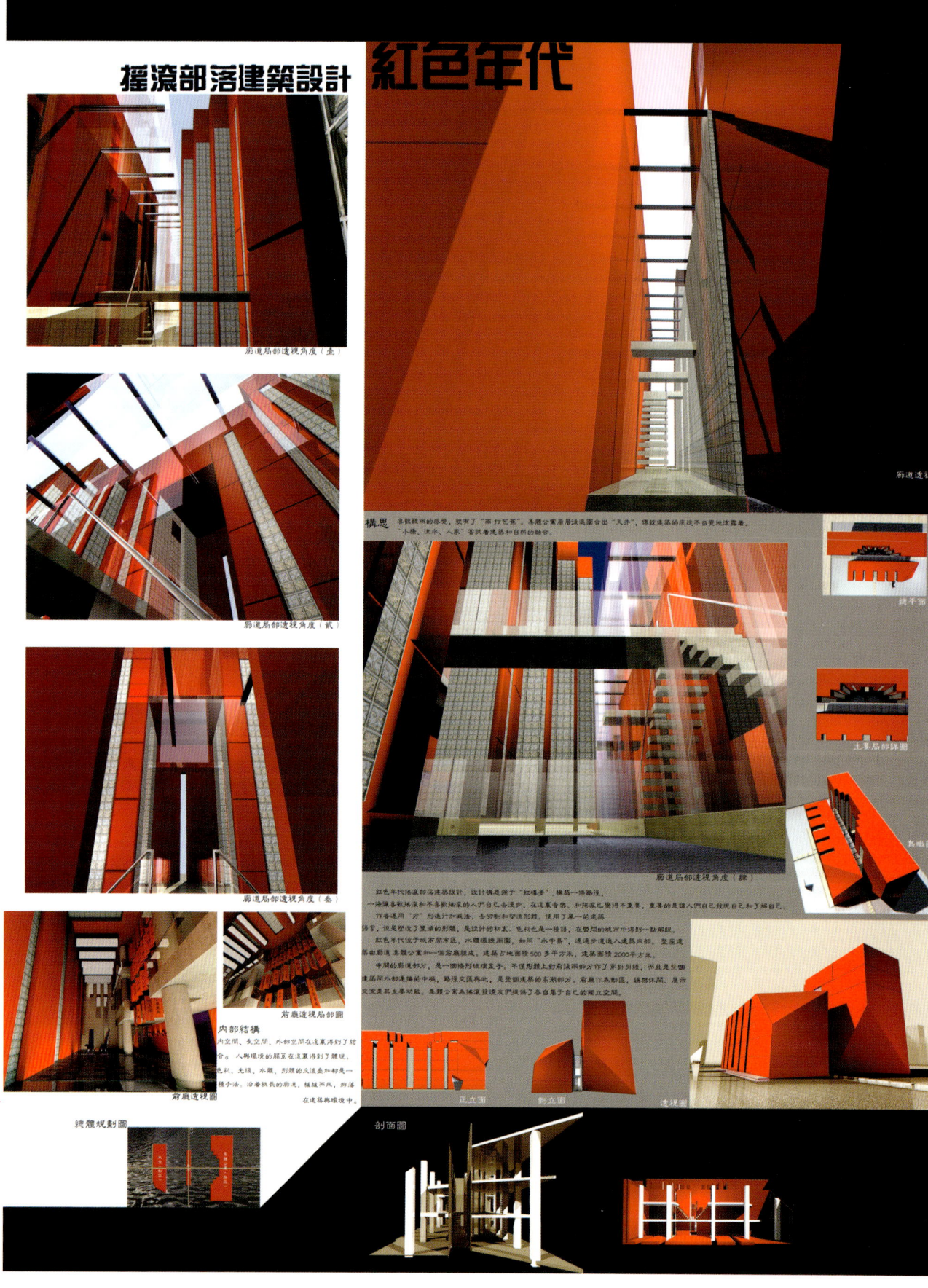

## 学生组 银 奖获奖作品

# Art Design Centre 艺术中心方案设计
## 设计艺术学院

作品名称：艺术中心方案设计　作者：王　斐

关键词：展品　展示方式　展示空间　光

<<< 艺术中心展厅A

**设计说明：**
展品是艺术中心存在的基础，展示是艺术中心对外交流的媒介。展品的特性决定了应采用的展示方式进而影响到展示空间的形态特征。本方案在设计中采取的是互动展示的方式，这里的互动具有两层含义：1：是人与展品之间的互动。2：是人与人之间的交流，作为院校建筑，重点在于它的功能能否满足学生的需要，要便于学生的交流。因此要用有趣，能参与的方法布置。同时学生在操作展品时产生协作或竞争的关系，实现了人与人的交流。

<<< 艺术中心展厅C

<<< 艺术中心展厅楼梯

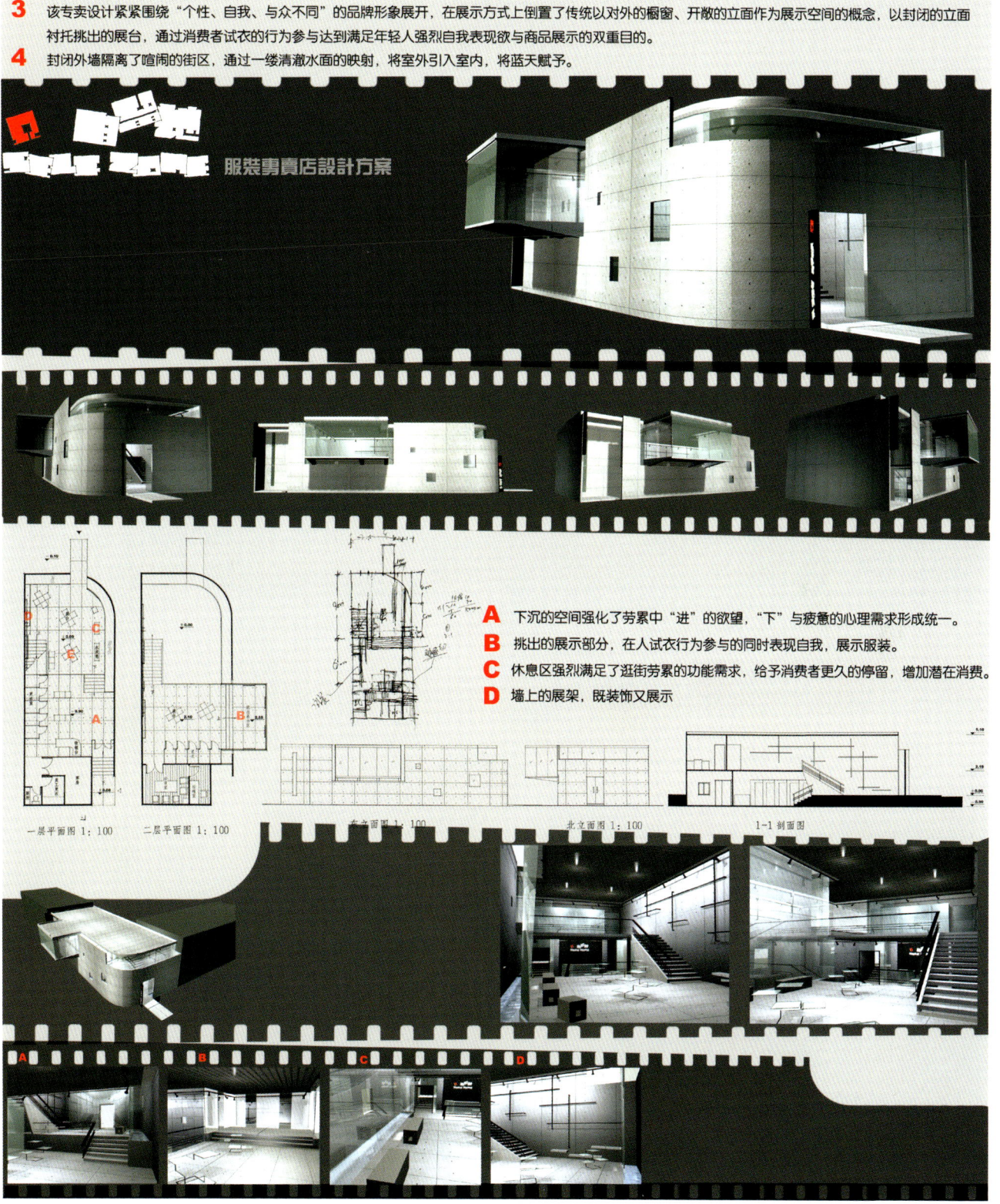

作品名称：非非我的设计　作者：王　植

DESIGN my home

—非非我的设计—

生活实景

纯净 ● 舒适 ● 简单

简单易做的构造，
环保舒适的材料，
无一固定的家具，
存放心灵的净土。

生活实景

纯净 ● 舒适 ● 简单

作品名称：新形象电厂设计　作者：吴 岩　陈立山　吴 磊

# 新形象电厂设计
## NEW FIGURE ELECTRICAL FACTORY DESIGN
### 构造美学与工业设计

传统厂房 — — 优化设计 — — → 厂房新形象设计

传统样式的主厂房照片　空冷岛细部设计——增大柱径，运用柱顶斜撑减小跨梁，减少柱数 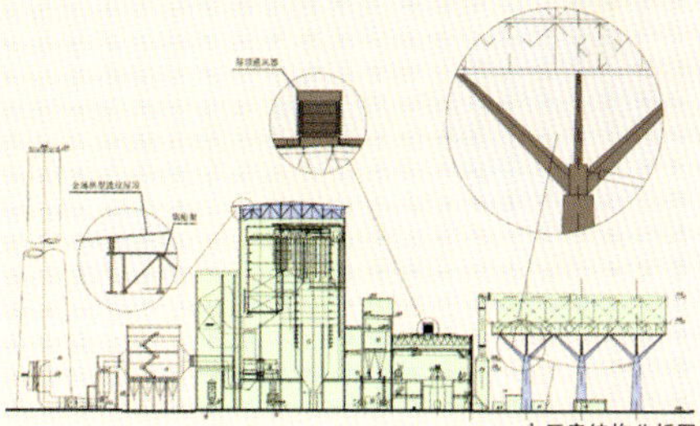　　　　　　　主厂房结构分析图

新形象主厂房效果图

运用现代设计的构造美学原理，传达出工业建筑的本质美

**结构优化设计**：西北地区地基处理难度较大，故空冷岛的设计采用减少柱数，增加柱径的方法。运用柱顶斜撑减小梁跨，充分发挥钢结构的力学特性，结合墙面不同方向的波纹板，形成一种森林般的抽象构图。

**构件艺术处理**：厂区整体设计均采用构造美学的极简主义设计，与经济相对落后的西北地区相适应，建筑构件与通风管的平面模数相关，为构件生产带来方便。

**色彩优化设计**：厂区建筑采用绿色系统，将会使建于西北大漠中的电厂显现出宜人的生机。

主厂房侧立面图　　　　主厂房（空冷岛）正立面图　　　　主厂房侧立面图

作品名称：帆船博物馆设计　作者：王　畅　孙丽丽

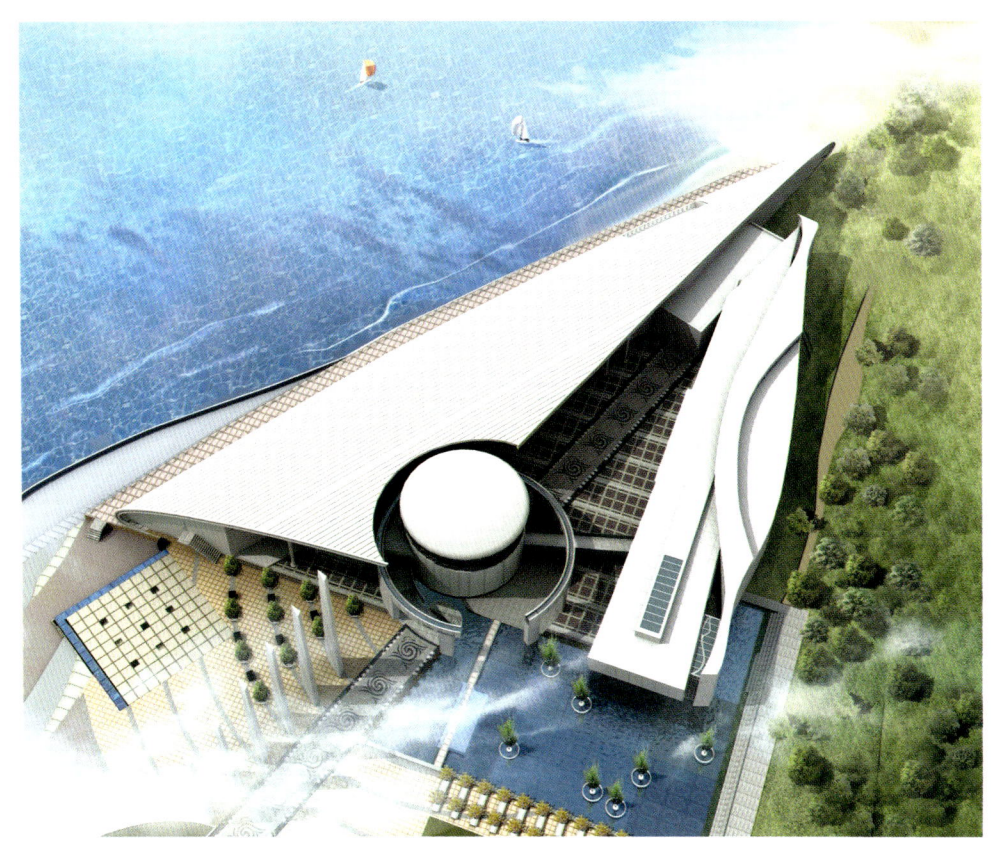

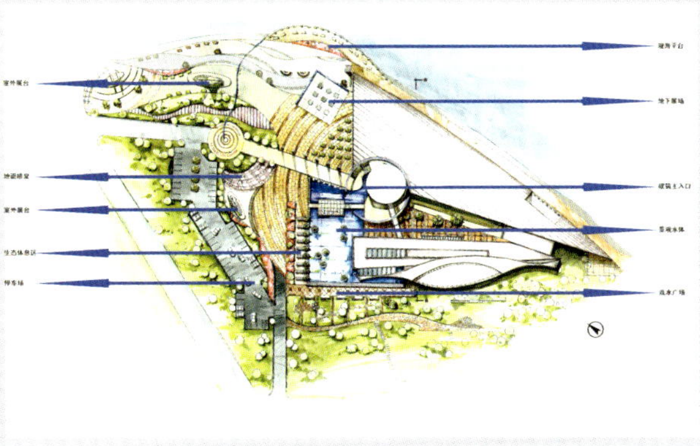

# 学生组铜奖获奖作品

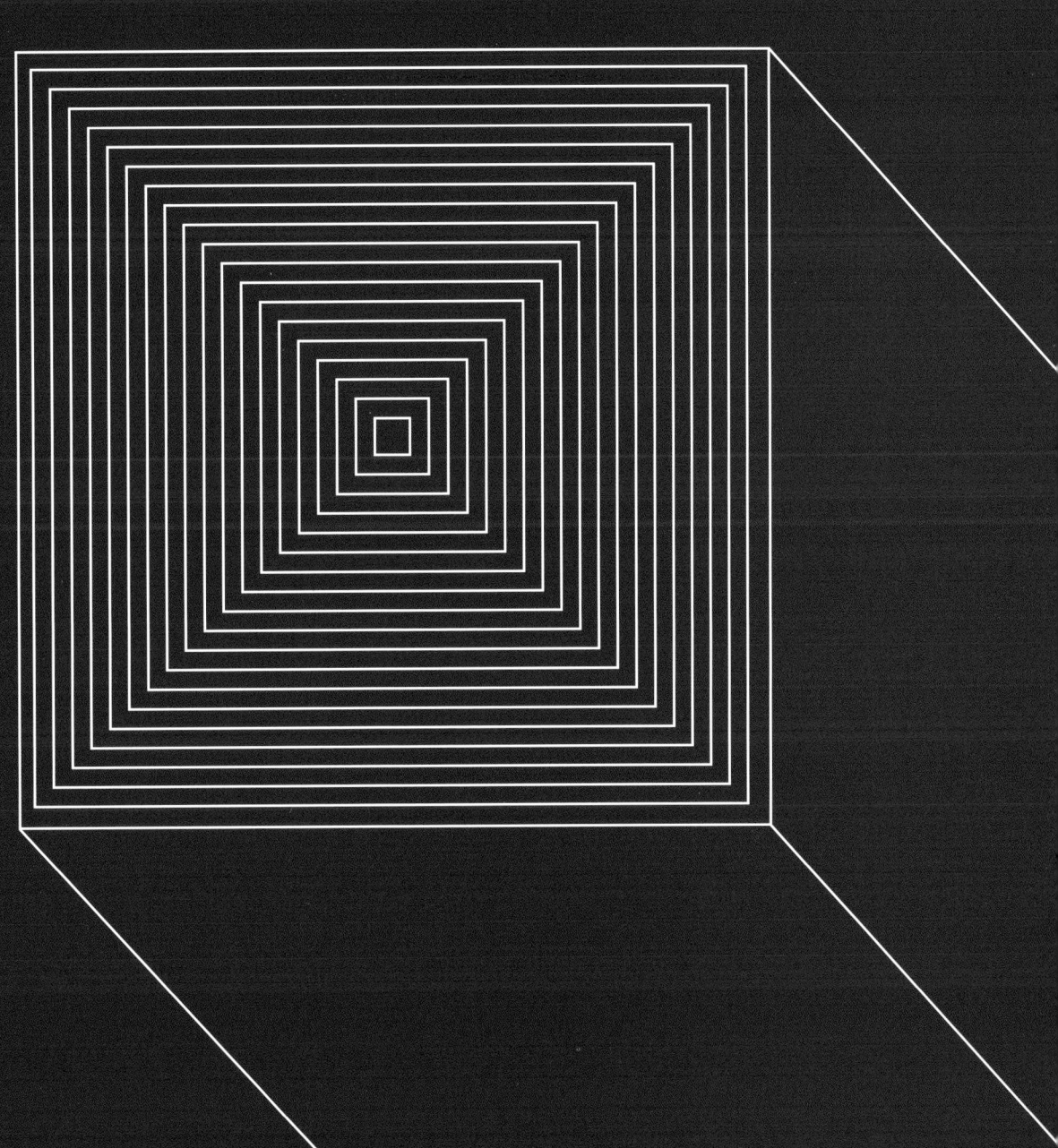

作品名称：传统装饰风格与现代室内设计　　作者：沈　莉

庭院效果图

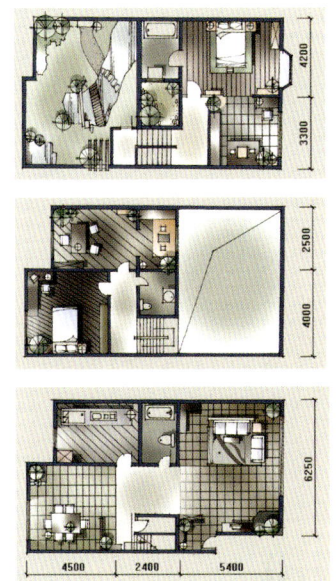

传统装饰风格与现代室内设计　TYPE TWO

卧室间墙　餐厅入口 ENTER
BEDROOM WALL　卧室 BEDROOM

作品名称：越窑青瓷博物馆建筑、景观、室内设计    作者：周 浩

作品名称：浙江美术馆方案设计　　作者：王兮扬　方　韧　耿　筠

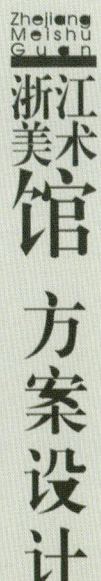

景观透视图

## 建筑·景观

景观局部剖面

- **依山面水的平面布局**
  设计充分重视现有周边环境，建筑入口前区提供较开阔的视野，体现依山面水的良好视线的布局原则。

- **主要景观布局**
  景观设计中更多的是保留其原始状态。室外展区保留自然坡道结合少面积的硬地铺装，并将部分展示区域结合到绿化带中，使参观者在休憩中也能参与到美学的传播过程中。

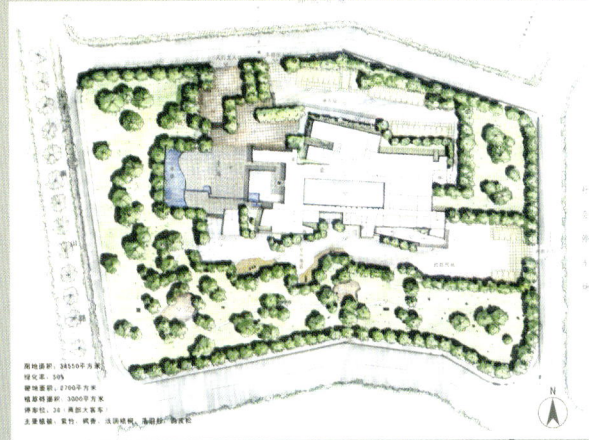

景观局部放大

- **造园**
  设计在主入口前区和中庭庭院设法造园，室外展场造园路，但不完全采用具象手法，旨在表达其艺术氛围。

景观总平面

CONCEPT DESIGN

作品名称：城市博物馆　作者：仇一　何乐　朱羚　叶琪　熊敏

# 建筑室内空间表现

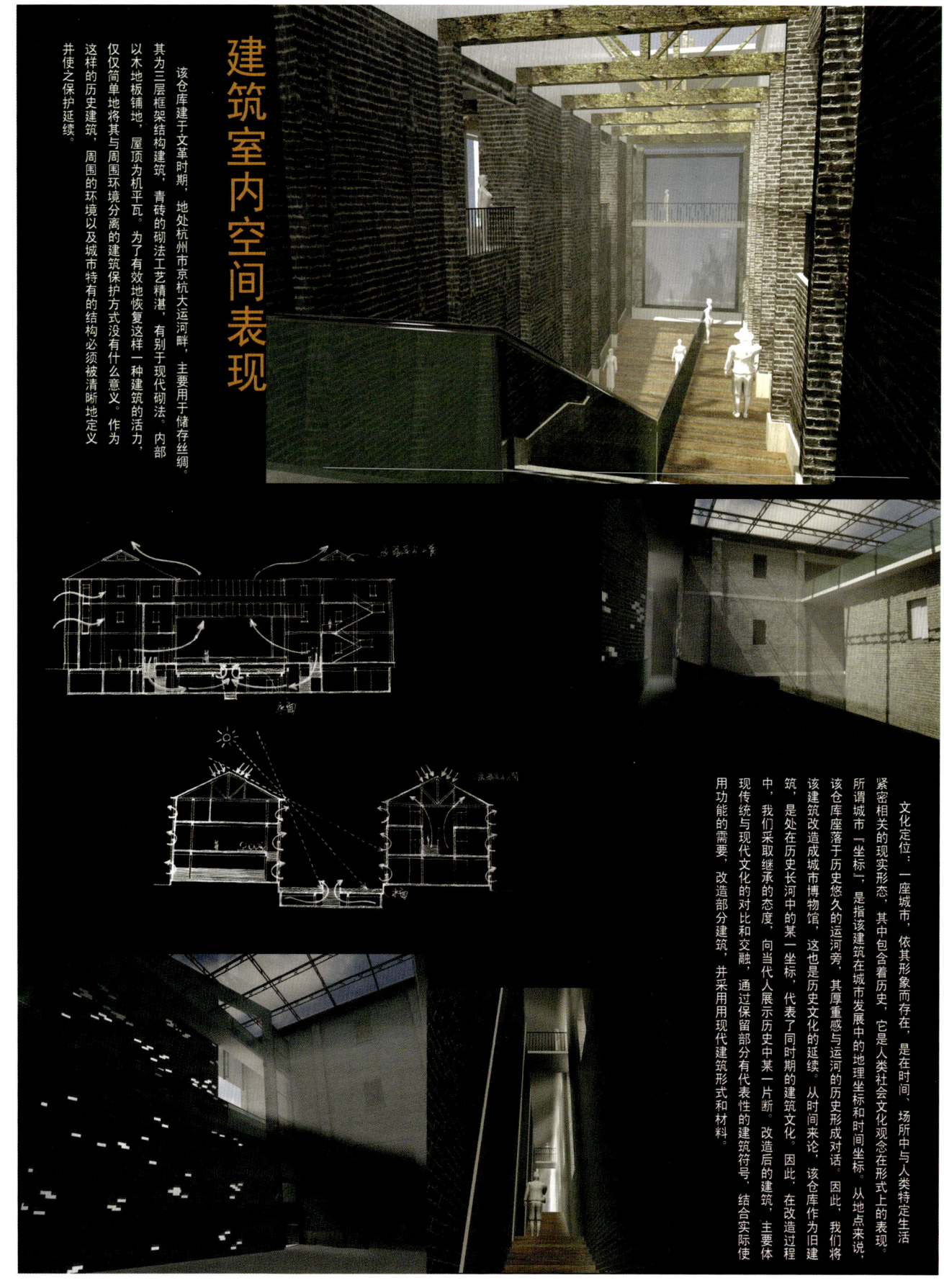

该仓库建于文革时期，地处杭州市京杭大运河畔，主要用于储存丝绸。其为三层框架结构建筑，青砖的砌法工艺精湛，有别于现代砌法。内部以木地板铺地，屋顶为机平瓦。为了有效地恢复这样一种建筑的活力，仅仅简单地将其与周围环境分离的建筑保护方式没有什么意义。作为这样的历史建筑，周围的环境以及城市特有的结构必须被清晰地定义并使之保护延续。

文化定位：一座城市，依其形象而存在，是在时间、场所中与人类特定生活紧密相关的现实形态，其中包含着历史，它是人类社会文化观念在形式上的表现。所谓城市「坐标」，是指该建筑在城市发展中的地理坐标和时间坐标。从地点来说，该仓库座落于历史悠久的运河旁，其厚重感与运河的历史形成对话。从时间来论，该仓库作为旧建筑，是处在历史长河中的某一坐标，代表了同时期的建筑文化。因此，我们将该建筑改造成城市博物馆，这也是历史文化的延续。

在改造过程中，我们采取继承的态度，向当代人展示历史中某一片断。改造后的建筑，主要体现传统与现代文化的对比和交融，通过保留部分有代表性的建筑符号，结合实际使用功能的需要，改造部分建筑，并采用现代建筑形式和材料。

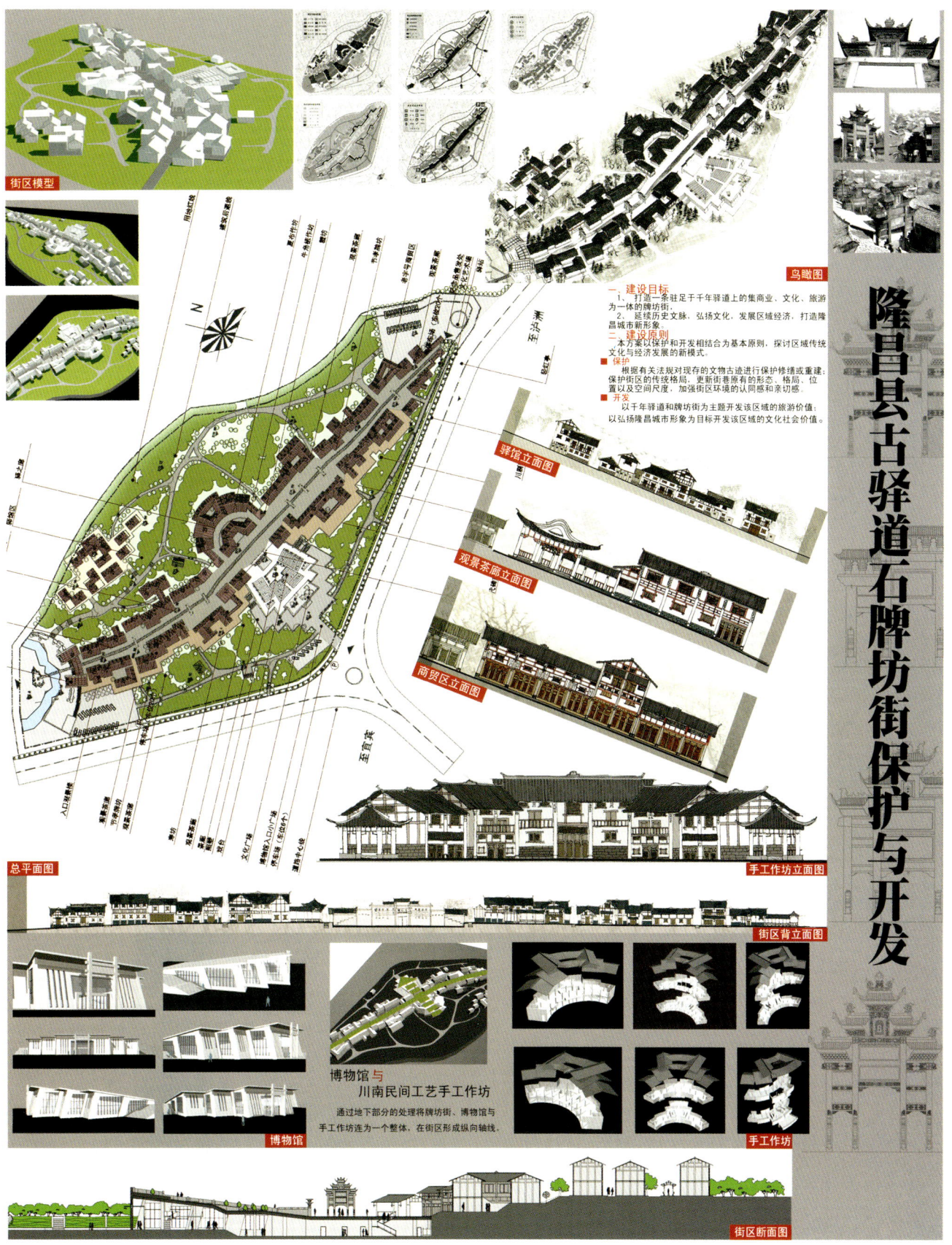

作品名称：宗教文化活动中心　　作者：李建一　刘建超

### 标 注 Notes

A 南侧入口通道
B 共享餐厅局部
C 共享餐厅
D 共享餐厅天光效果
E
F
G

### 内部空间处理

色彩与质感的处理上选择宁静深沉，突出教堂空间的崇高与神圣。而在公共空间和商业空间上则比较活跃。每个毗邻的空间，如果在某一方面呈现出明显的差异，皆这种差异性的对比作用，将可以反衬出各自的特点。从而使人们从这一空间进入另一空间时产生情绪化的突变和快感。本方案着重在开敞与封闭之间，不同形状之间，不同方向之间找其差异，破除单调而求其变化。

作品名称：长春国际机场　作者：金长江　余　博　卞宏旭

效果图

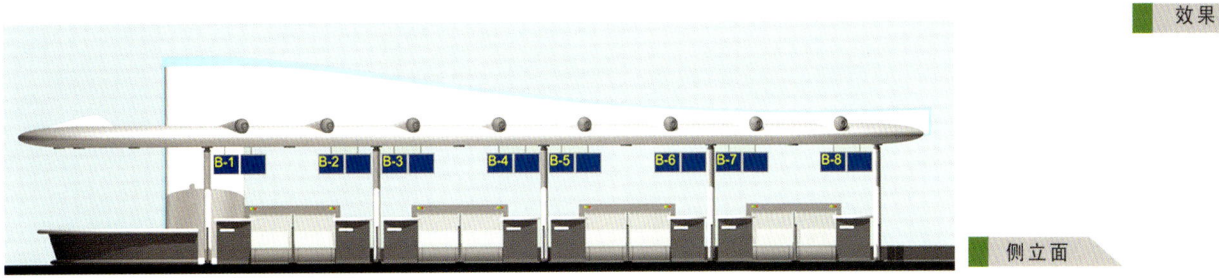
侧立面

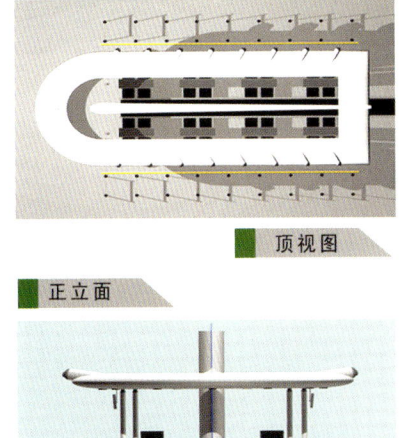
顶视图

正立面

顶视效果

作品名称：从垃圾楼到建筑事务所　作者：李　强

# 从垃圾楼到建筑事务所

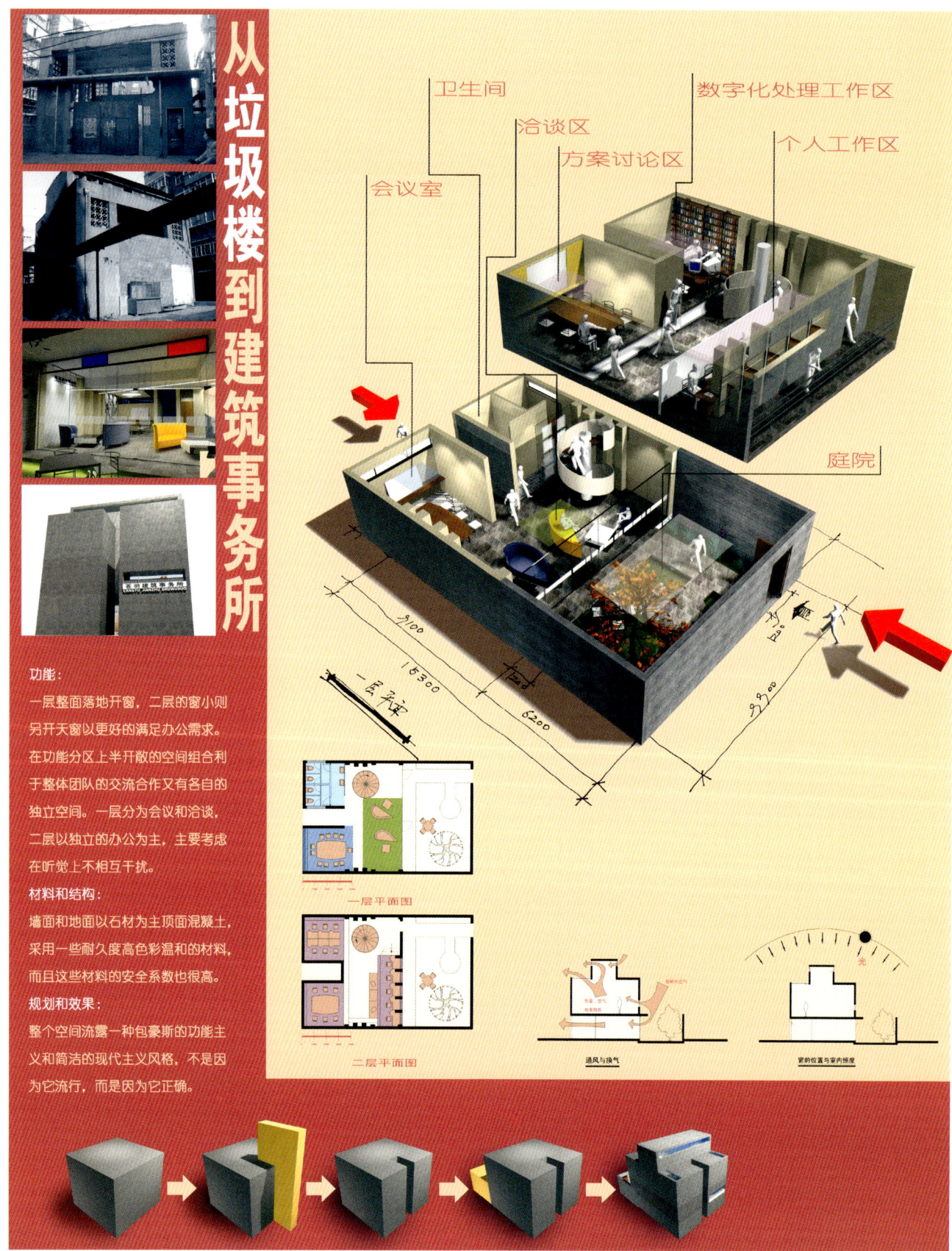

**功能：**
一层整面落地开窗，二层的窗小则另开天窗以更好的满足办公需求。在功能分区上半开敞的空间组合利于整体团队的交流合作又有各自的独立空间。一层分为会议和洽谈，二层以独立的办公为主，主要考虑在听觉上不相互干扰。

**材料和结构：**
墙面和地面以石材为主顶面混凝土，采用一些耐久度高色彩温和的材料，而且这些材料的安全系数也很高。

**规划和效果：**
整个空间流露一种包豪斯的功能主义和简洁的现代主义风格，不是因为它流行，而是因为它正确。

学生组 优秀 奖获奖作品

作品名称：青瓷博物馆建筑、景观、室内设计  作者：陈 莺

作品名称：越窑青瓷博物馆建筑、室内及景观设计  作者：王苗妙

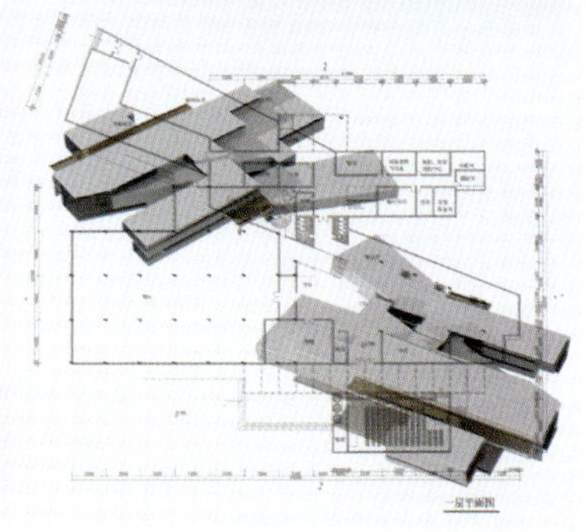

作品名称：清华大学美术学院新校区景观及教学楼共享空间设计　作者：陶金成

作品名称：浙江美术馆建筑设计　作者：吴维凌　丁　云　陈林琳

作品名称：童话的建筑 建筑的童话　　作者：于新颖

作品名称：茶室设计　作者：关　键

作品名称：城市之蛋—望京地区人力车设计　　作者：杨　峰　袁　丹

作品名称：数码影视艺术交流中心　　作者：董必凯

作品名称：山水之间　作者：刘　环

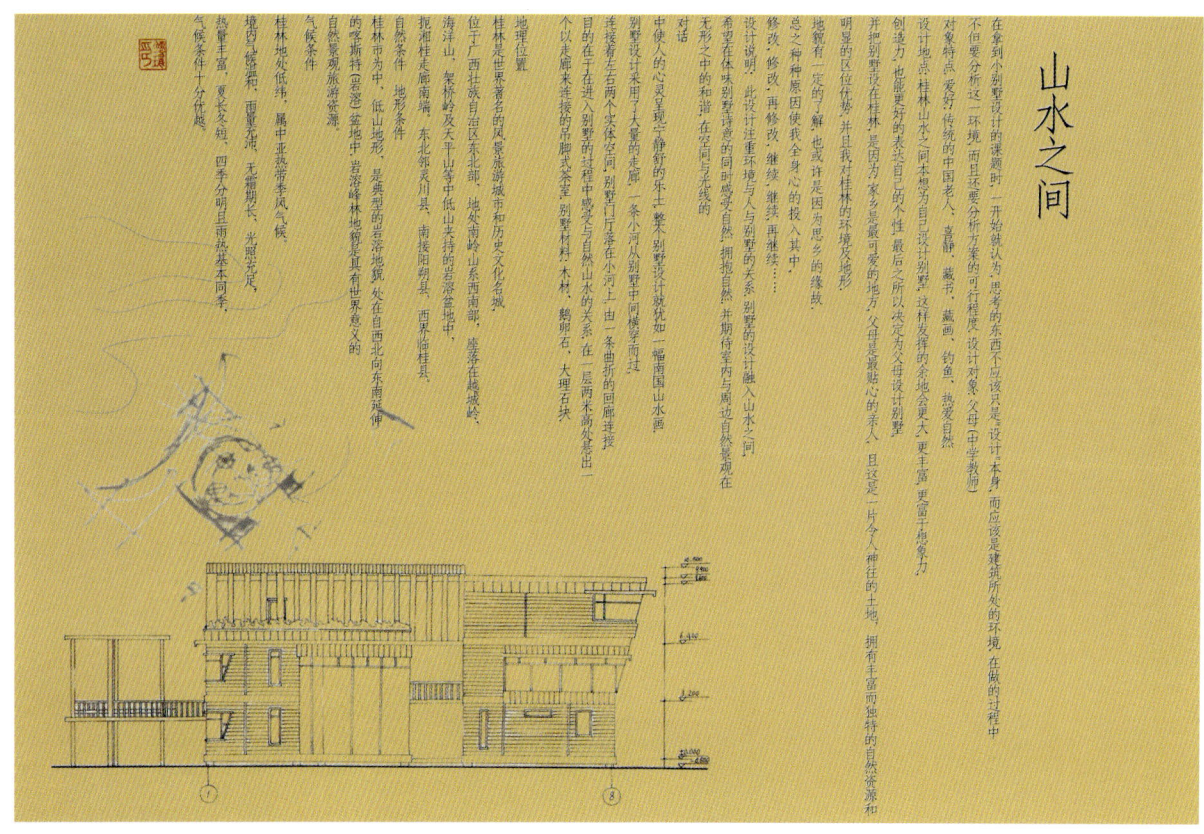

作品名称：居住区景观设计　作者：钟　岚

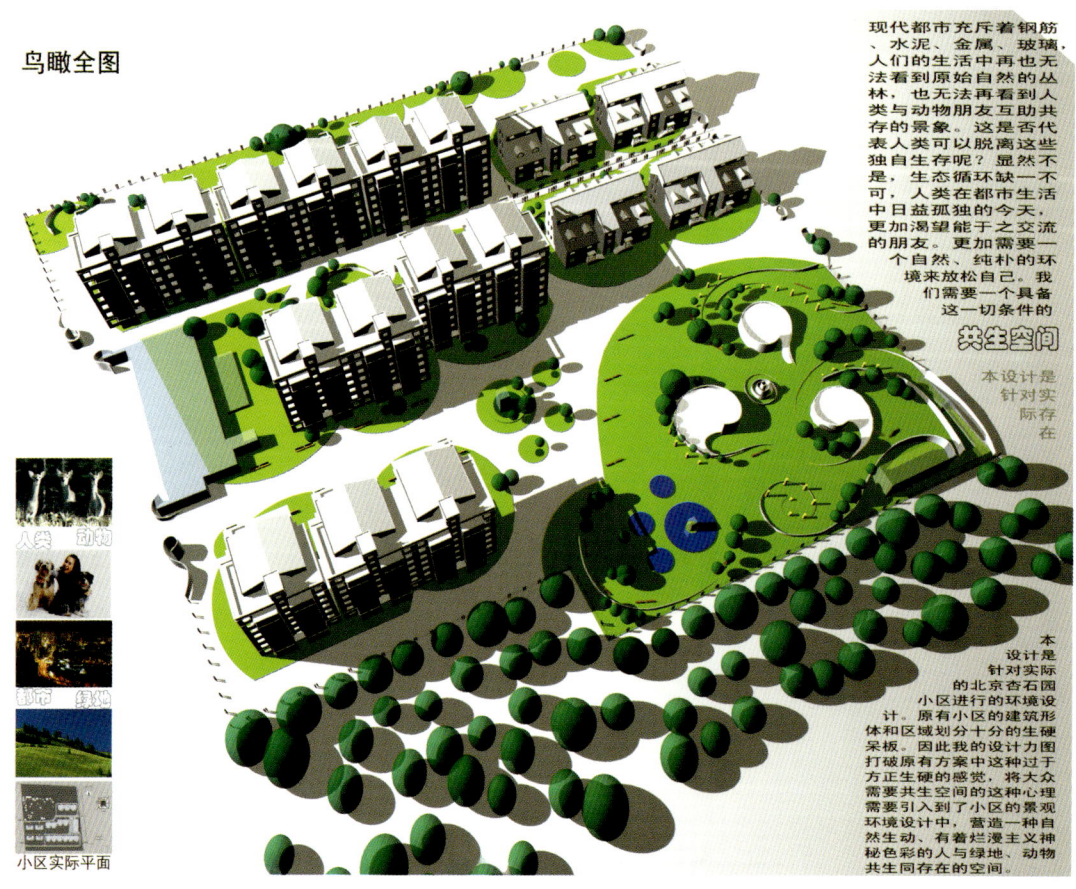

作品名称：HOUSE　作者：张　立

作品名称：凤凰的涅磐　作者：马贝娟

作品名称：艺术图书中心设计方案　作者：李　楠

作品名称：舞动的中国　作者：黎　靖

作品名称：浙江美术馆　作者：FLL.

景观透视图 A观F视图　见NO.3鸟瞰分析图

景观透视图从Q观F视图

景观·视线分析

景观透视图 从3观4视图

作品名称：抚顺雷峰纪念馆　作者：林春水

作品名称：深圳龙岗海滩环艺小品设计—海之呼吸　作者：柏　雪

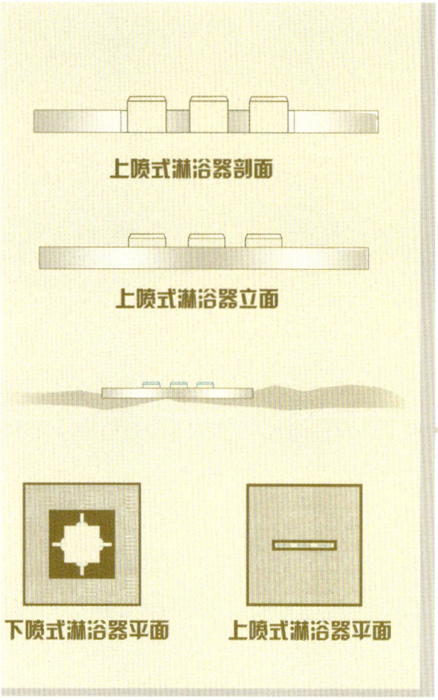

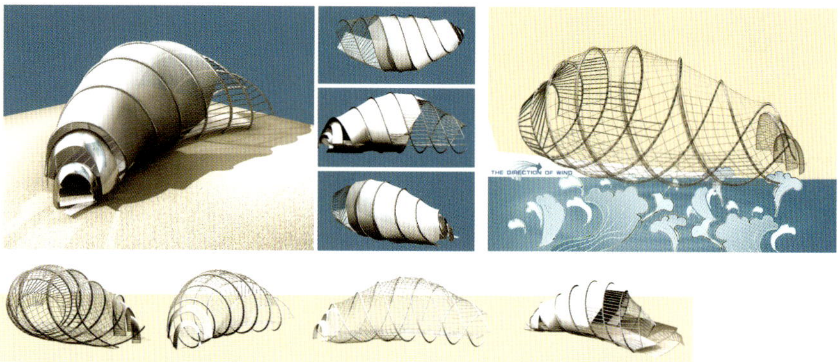

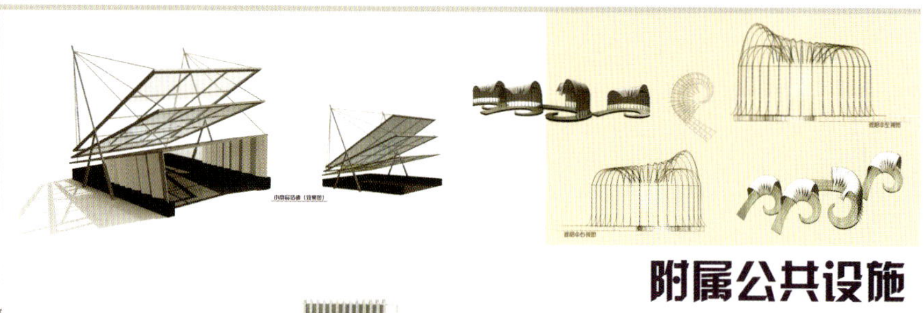

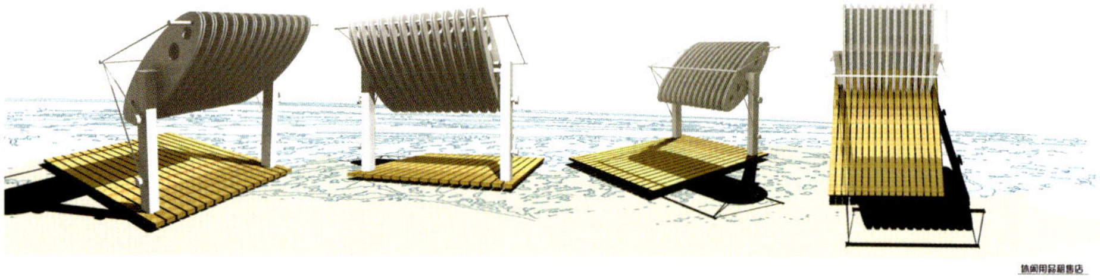

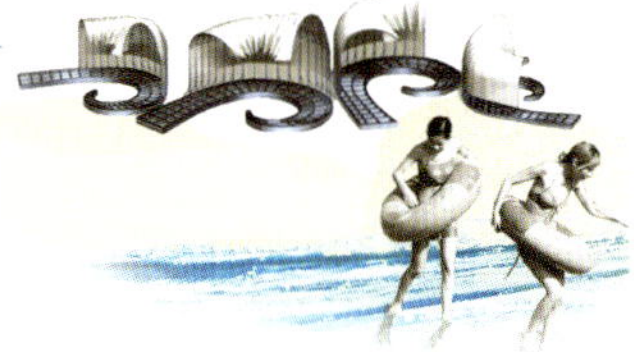

本设计中龙岗海滩的附属公共设施以露天遮阳休闲设施、休闲用品出租店和小商品店面设计为主：□露天遮阳休闲设施以浪花为基本型，采用蓝色亚光钢化玻璃，借群组形式和海的蓝色意喻海洋感觉的视觉延伸；背部遮阳伞部分为钢骨架帆布结构，结合基座形态传达动态美感和设计师的诉求□ 小商品店面采船帆形态变形，天天花板露天设施更加亲近自然，借以钢制支架支撑三扇可调节的亚光变色玻璃（天花板）随不同温度、风向、光照强度自动调节室内光线温度，功能性、舒适性上最大程度满足游客购物、纳凉需要，传达设计师的人文关怀□休闲用品出租店简洁、轻便可移动，遮阳板突出可调节性、采悬挂的冲浪板外形、使用隔热材料，自然环保。

作品名称：生物多样性保护中心　作者：席　珊

134

作品名称：智能公交电子站牌外观设计　作者：江寿国

作品名称：北方满族民居设计　作者：夏海波

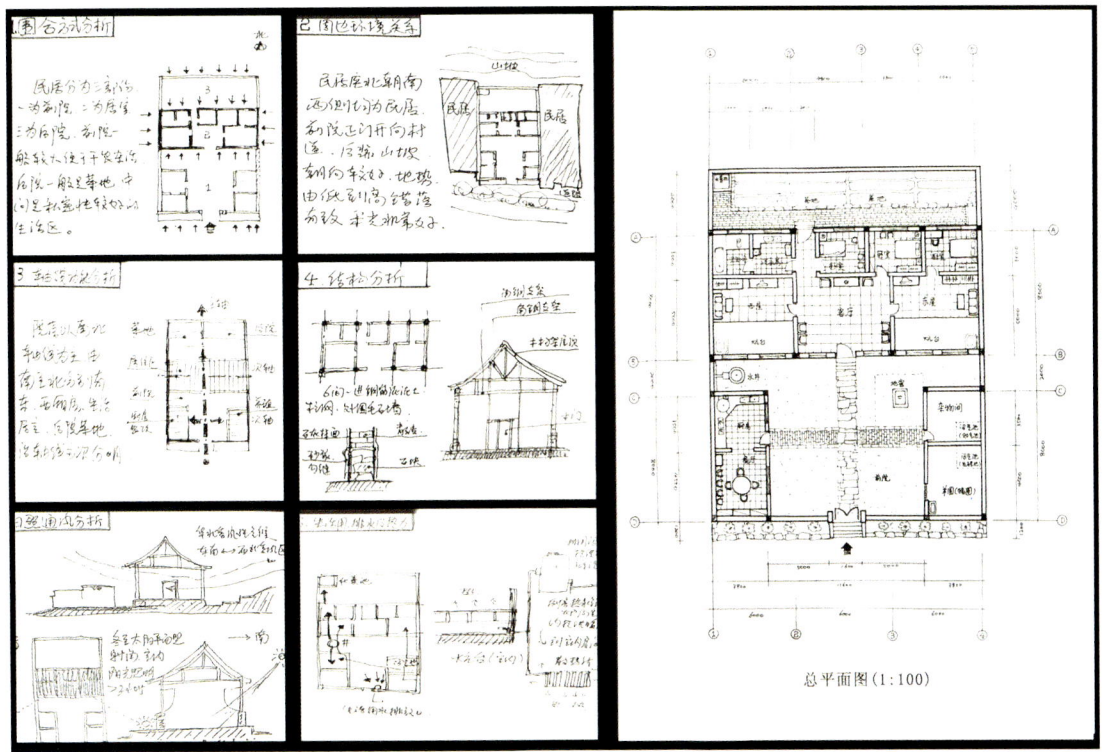

作品名称：浙江美术馆设计方案  作者：刘　婷　蒋粤闽　郎雄飞

作品名称：在蜿蜒的地脉中生长—度假酒店方案设计　作者：陈元甫

作品名称：中国移动通信东莞服务大楼室内设计方案　作者：李　光

作品名称：会议室／展示厅／ID设计室规划　作者：刘　芳

作品名称：北京服装学院特色餐厅　作者：王　莹

作品名称：越窑青瓷博物馆建筑、景观、室内设计　作者：郭晓燕

作品名称：慈溪越窑青瓷博物馆方案设计　　作者：李啟罡

作品名称：天津海河广场设计方案　　作者：祁　科　弥　娜　李　阳

作品名称：建筑设计　作者：杨小舟

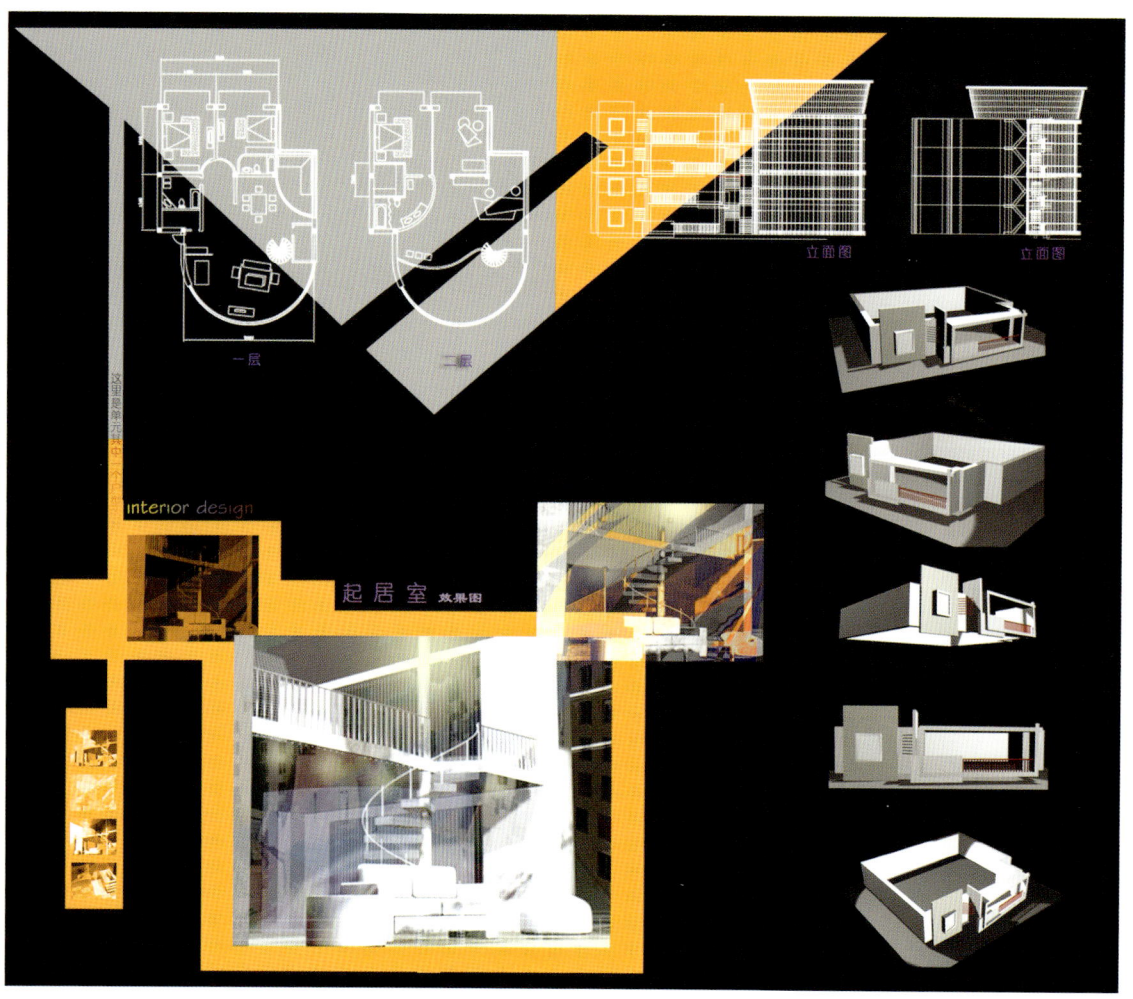

作品名称：70年代怀旧吧　作者：伍　丽

作品名称：大连金石滩主题公园石头王国系列设计方案　　作者：邓　明　张莹莹　胡书灵　赵宇南　马常明　卞宏旭　吕　大　张照辉　赵维峰

作品名称：沈阳工业文化博物馆规划设计方案　　作者：金长江　王凤涛　张　琢

作品名称：唐人设计工作室空间设计　作者：李　鹏

作品名称：景观坐椅设计—高山流水　作者：杨　睿

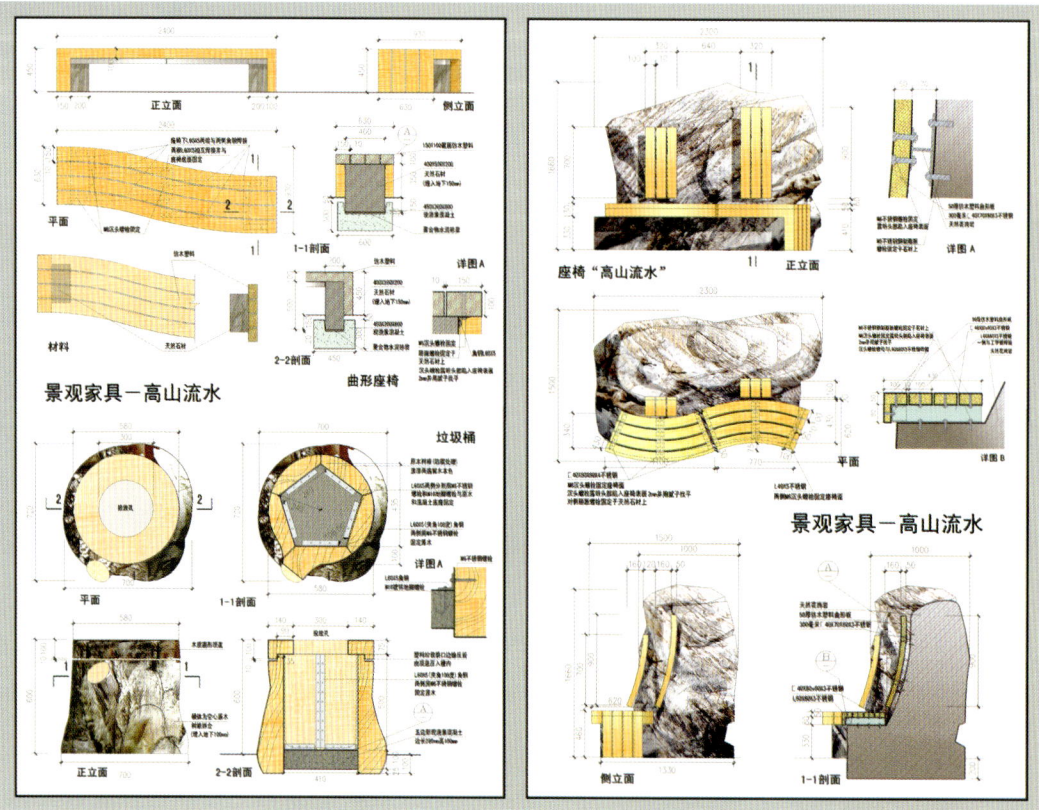

作品名称：小别墅设计　作者：邓　璐

营造整体感强，个性鲜明现代简约的现代风格。
利用斜墙，创造出"漏斗"一样的空间；利用错层，营造内部空间的起伏感，不规则▲形，使空间凭添妙趣。不规则的窗使内部空间渗透神秘。

作品名称：往来.寻常生活—公交智能电子站牌外观设计　作者：王　欣　袁　丹

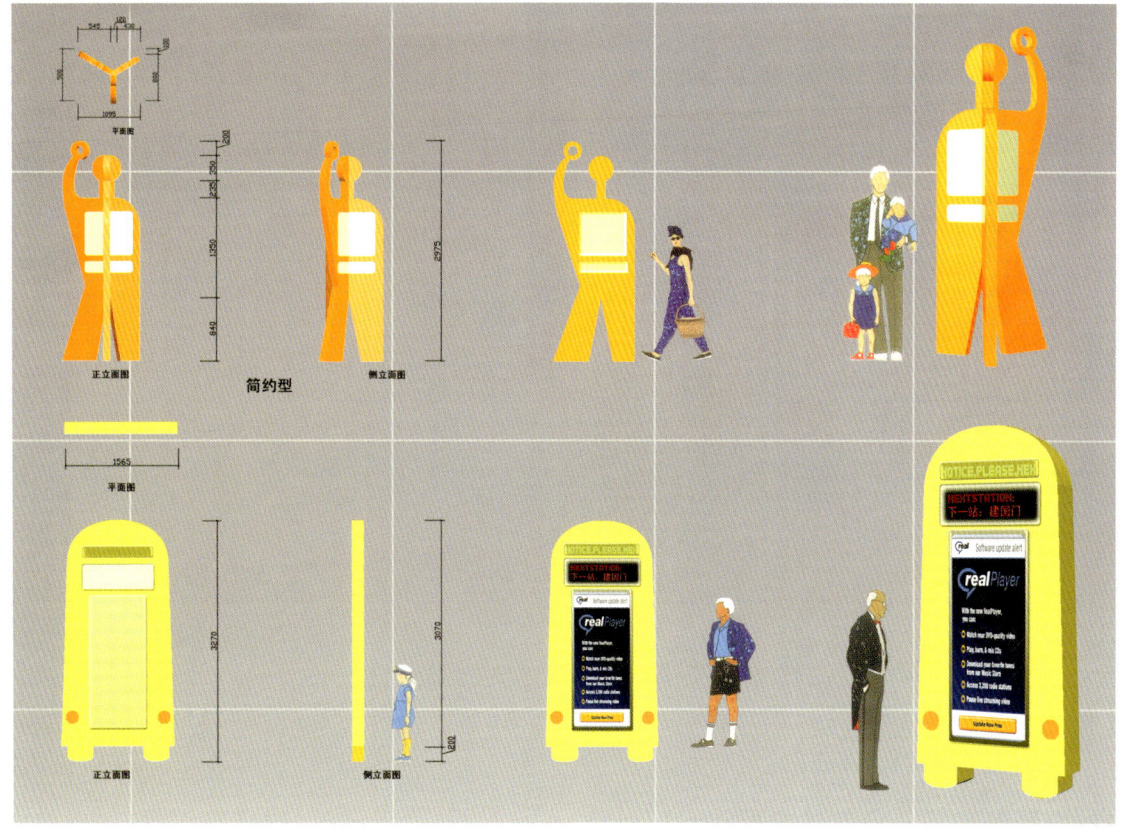

作品名称：河北西柏坡纪念馆　作者：林春水

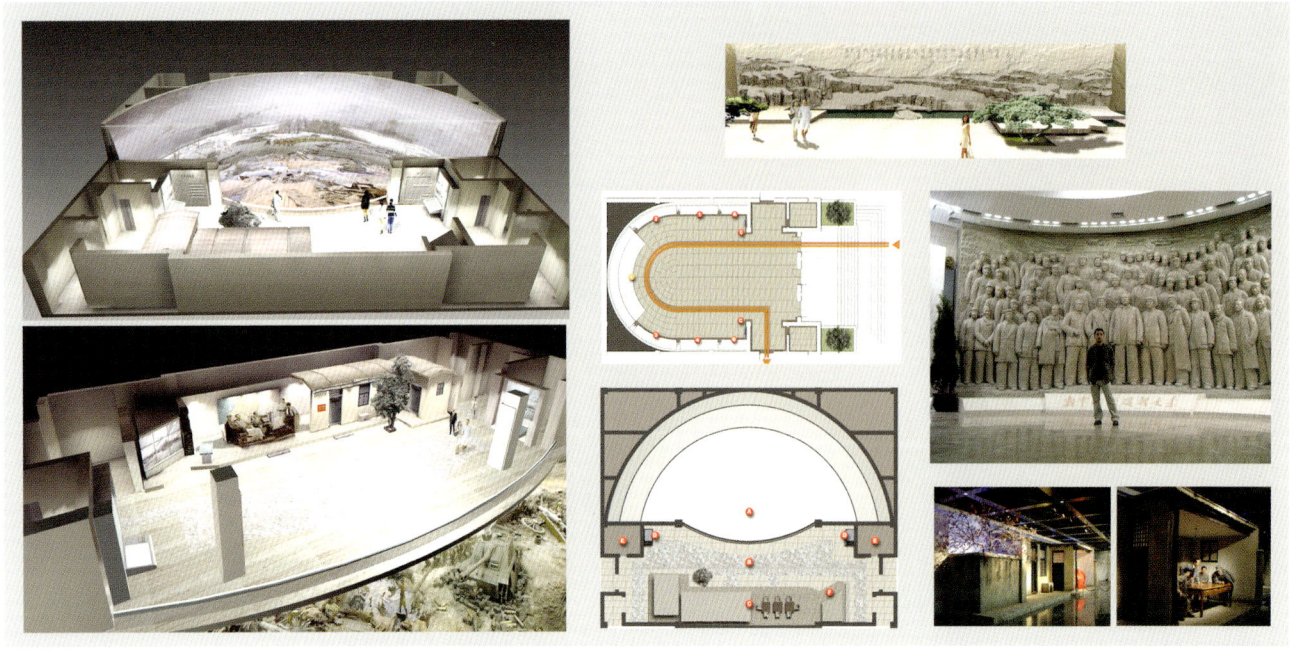

作品名称：山地住宅区设计　作者：于　博　胡书灵

作品名称：家—准境　作者：张卉矜　李 政　孙 惠　江丽华　王志磊　张蔚蔚

作品名称：重庆长滨路休闲水岸示范段形象规划设计　作者：韩文强

## 1. 项目背景
重庆长滨路是修建在原来长江水岸二级台阶的沿山崖边，硬切和平推出来的一条标准二级城市道路。其内侧是自然岩石，外侧是江岸水线，呈东南向西北走向的弧形路段。

## 2. 设计过程：
设计方案从以下几个方面进行表达：
①由现有城市网络确立整体规划结构。在当代城市功能结构转型时，设计根据城市生活形态进行新的商业定位将 2.5公里长滨路示范段分成四个节段，通过三个节点广场连接起来。长滨路上层沿城市设置辅路，将商业建筑横向联系起来。在长滨路下层（标高180米）大量增加竖向人行交通设计以及临时停车场，使未来的快速路与上层平台的建筑景观和城市交通网络密切结合起来。
② 与景观相协调的建筑设计。作为对自然地形和历史文化的反映，设计中提取"台地"、"坡地"、"窄楼"、"栈道"等山城独有的建筑符号，加以综合利用，出于平衡商业建筑与绿化面积相冲突这一问题的考虑，产生了由两个覆土组成的锥体绿化围合一段沿江退自的通透建筑；建筑一部分采用了坡屋顶覆土绿化的形式，形成"坡"；另一部分则以"台地"的形式出现，建筑沿江面层层后退，与"坡"构成了穿插关系。其中，"窄"、长是建筑的主要空间特点。城市与长滨路示范段通过类似"栈道"的带状构架长廊来连接，此构架长廊衔接了城市中既有的山城步道，便捷了人们旅游江边的路线，使城市长滨路段、长江水面三者自然的联系在一起。这样，景观带动人流，人流促进商业，商业活跃景观，设计逐渐形成了适合当地背景环境的立体"景观建筑"思想。
③恢复地域特征的绿化景观设计。保持自然地貌，恢复历史遗存，引入地域植被是本景观设计的主导思想。设计以长江沿岸自然植被为基准。如：竹林、芦苇、茅草、坡地、乱石、沙砖等等。加以现代园林技术的运用，使人在新绿地系统中能够领略长江滩独特的绿色风貌，以区别公园、广场式的千篇一律的绿化景观，使长江江岸粗犷与娟秀，浩瀚与险峻结合的新长江园林风格能够得以体现。

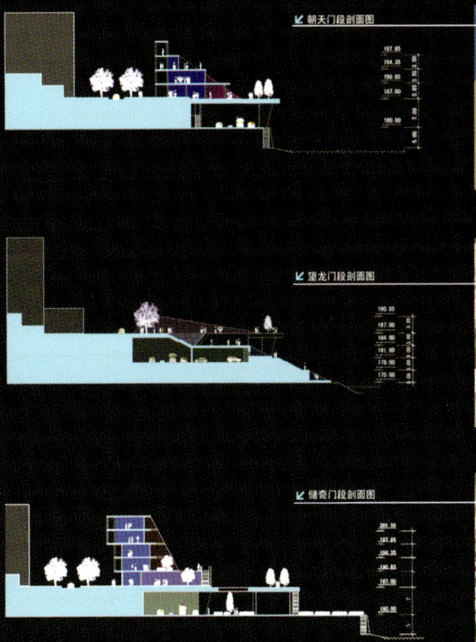

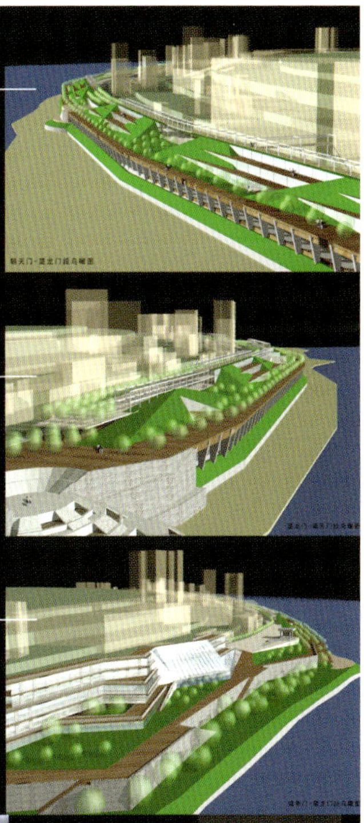

储奇门商务公寓透视图

## 3. 综上所述，
分析背景环境的各种因素并且充分挖掘其内部蕴含的可用资源是主导设计的前提。设计结果是将不同使用者的生理与心理要求和各种外部环境因素，像气候、地质高差、植被特征、建筑风格、城市框架以及该地域的历史文化因素有机地结合在一起，从而酝酿出新的整体解决方案。

作品名称：从今天到明天　作者：刘子青　郁波

作品名称：E时空网吧　作者：施生地

作品名称：明月轩—贵宾茶室设计　作者：江　滨　李开贵等

"明月轩"为广西南宁市郊一贵宾茶室，在这个建筑方案中，作者试图体现建筑的地域性、文化性和时代性。

一、建筑的地域性

面对信息时代全球一体化趋势对原有的由面对信息时代全球一体化趋势对原有的由于历史、传统、气候以及其他自然、人文因素构成的各种地域建筑造成一定的威胁和破坏，解决此问题的有效途径之一，就是强调建筑的地域性。本方案由于地处亚热带气候的广西，因此在创作中主要吸收干栏建筑的特点、穿斗架结构，通气、通风、开敞、前后左右均无完全封闭围合，同时吸收地域建筑的造型语言，如：江南园林、日本传统园林与现代构成结合。

二、建筑的文化性

建筑是技术和艺术相结合的产物。好的作品不但要满足功能的需要，而

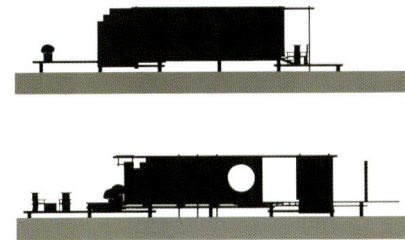

作品名称：智能电子公交站牌设计　作者：车晓典

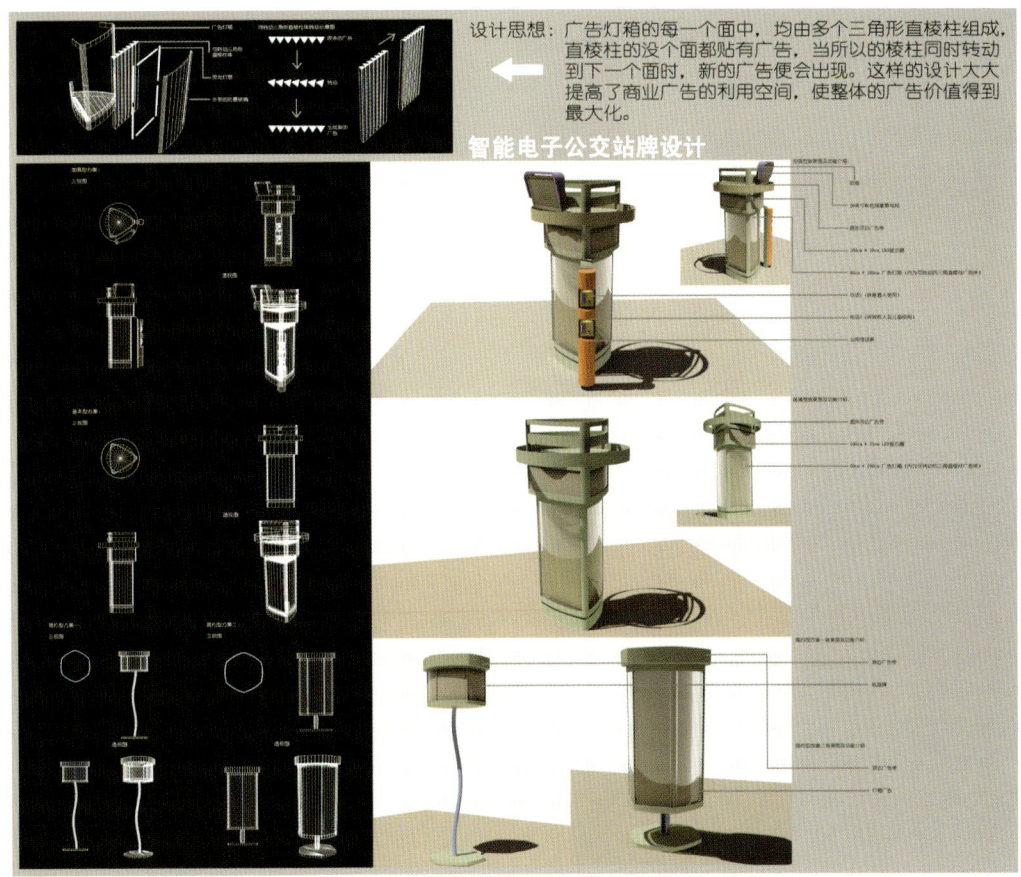

作品名称：长春市世界雕塑公园入口设计　作者：韩文强

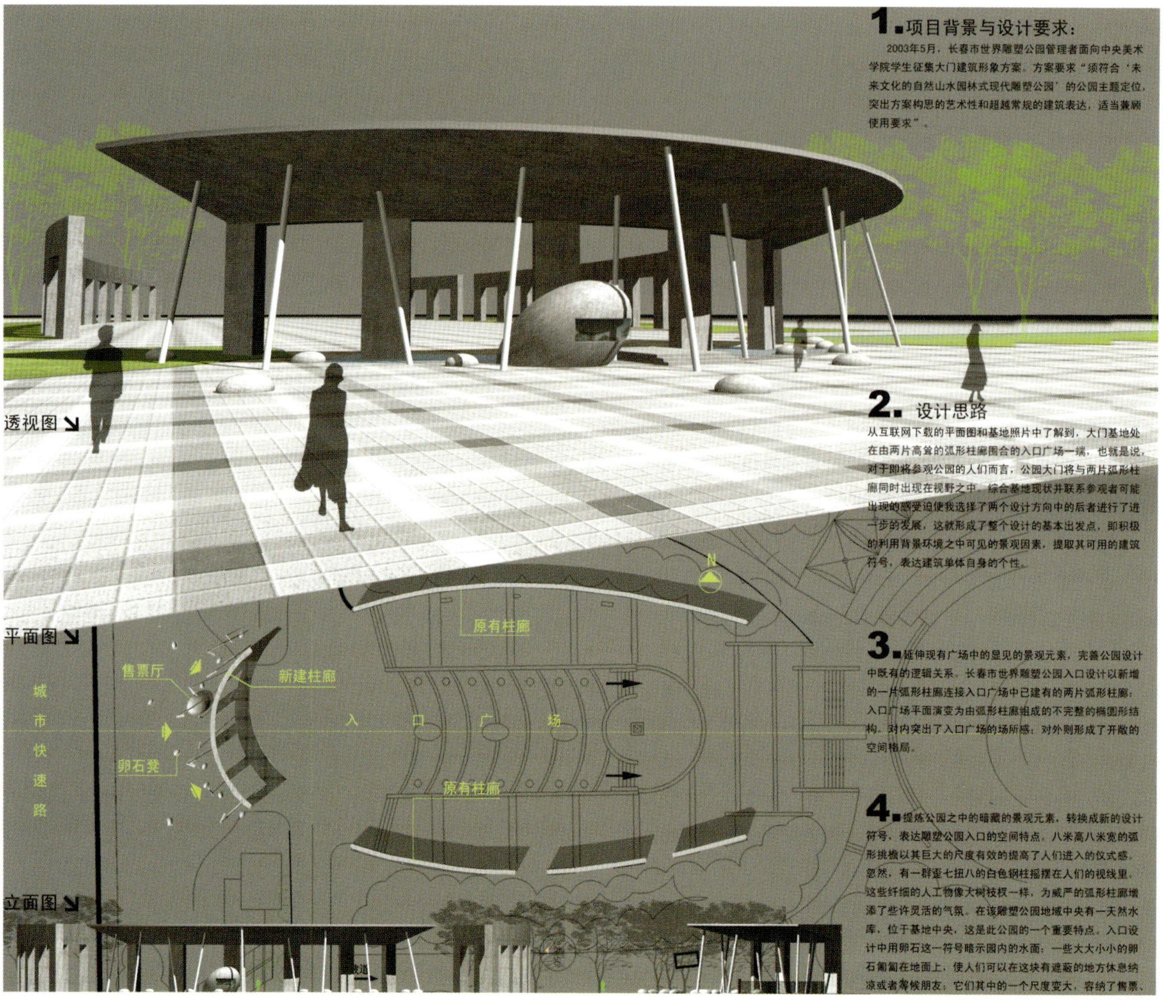

作品名称：湖北经济学院新校区景观设计　作者：王鸣峰　何　凡

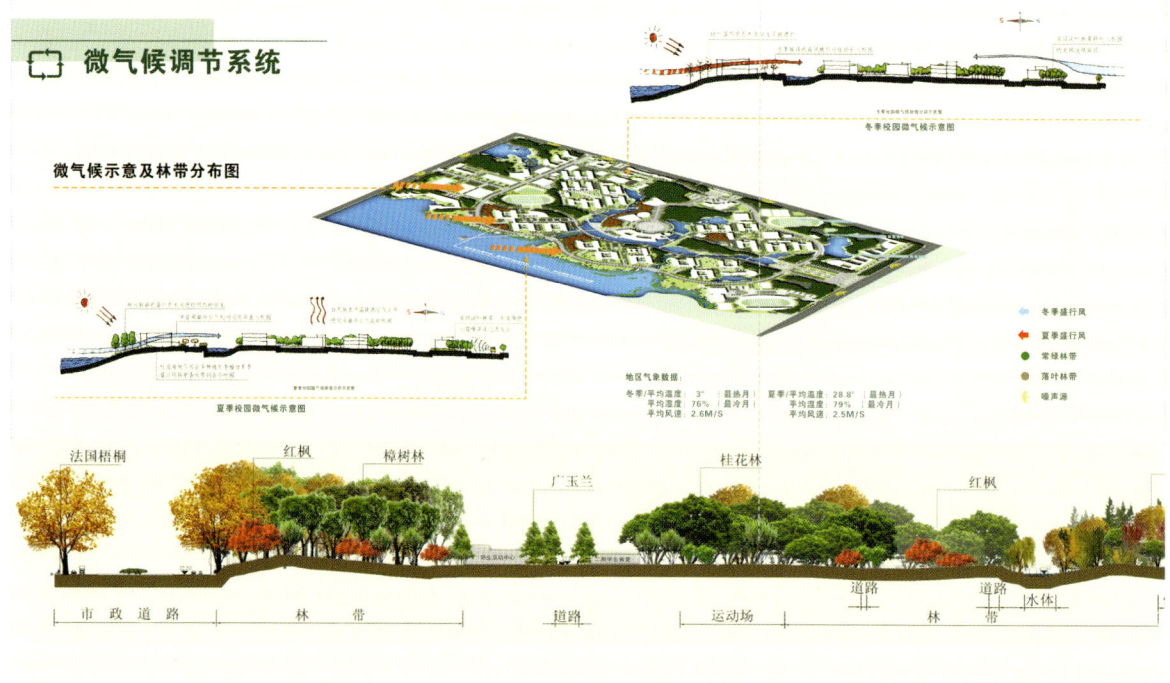

作品名称：杭州江滨区地铁站国际城市展厅设计　作者：柯　毅

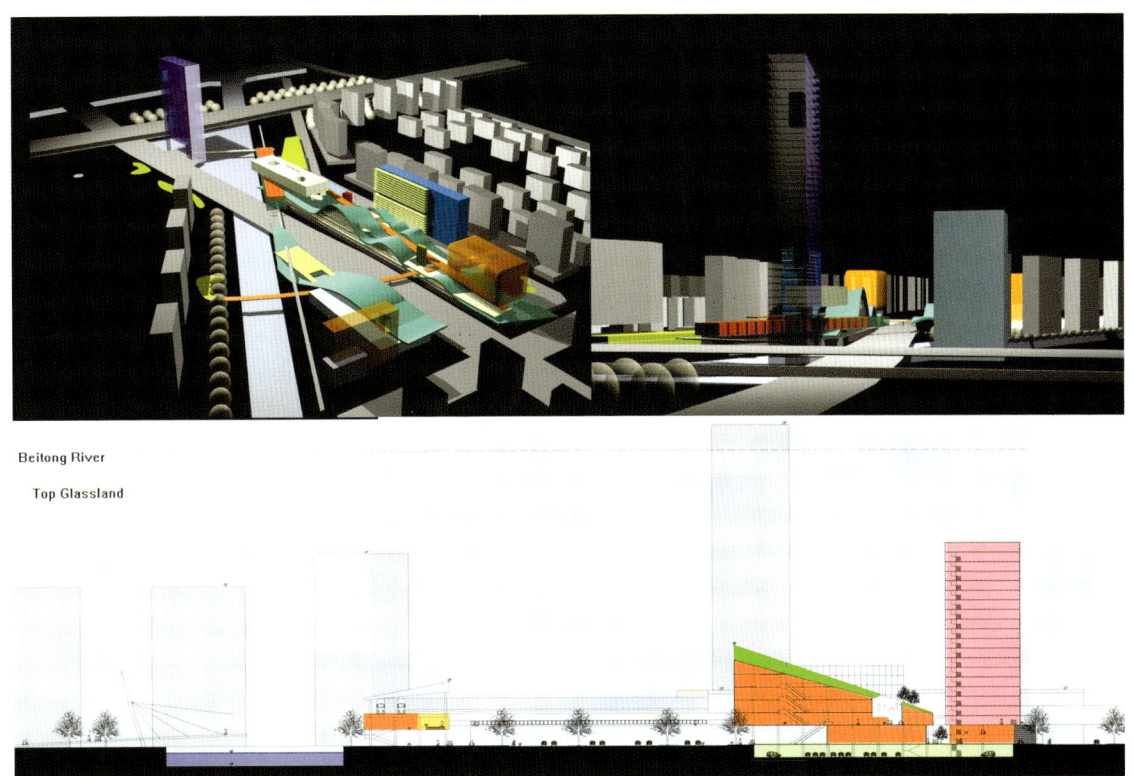

作品名称：光阴住宅　作者：葛兴安

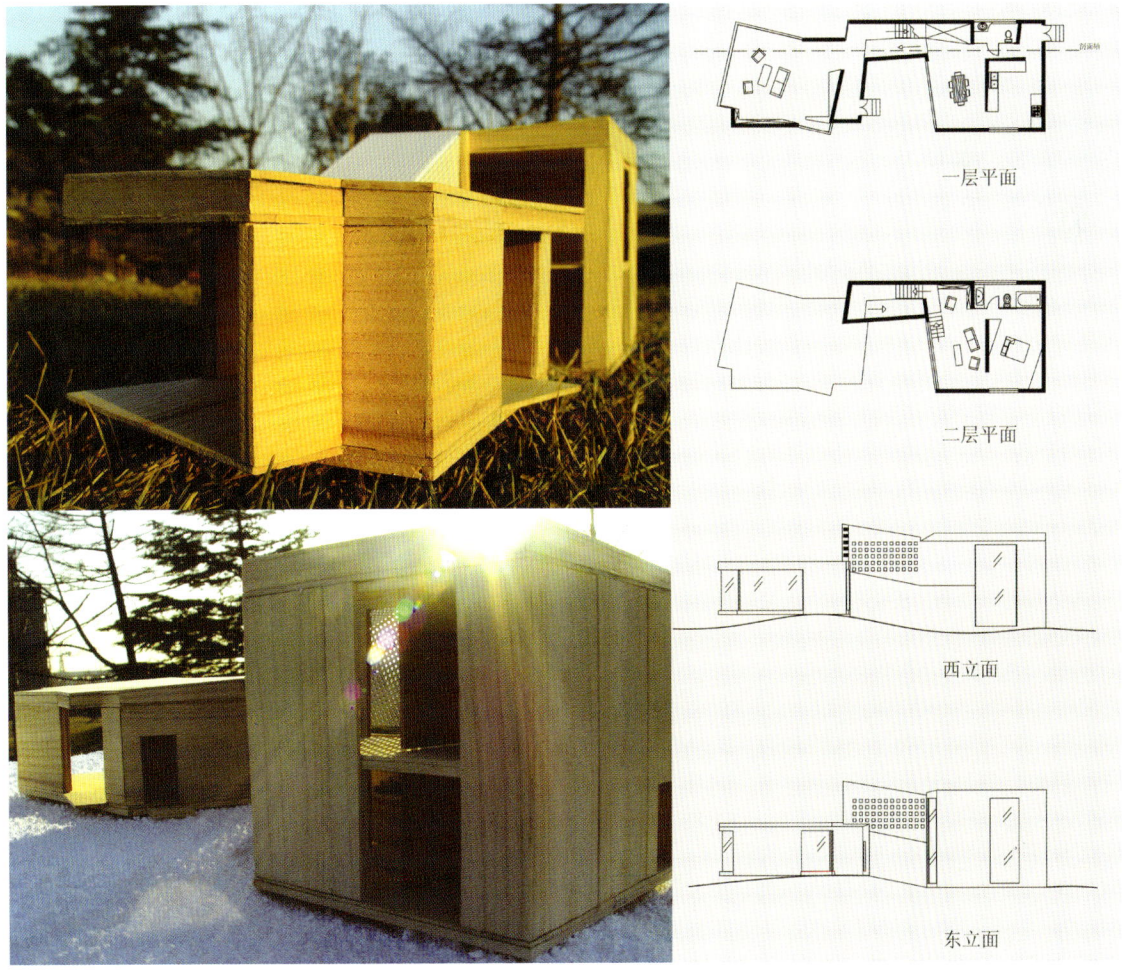

作品名称：西安中学新校区室内设计　作者：张　豪

作品名称："圆"素·创造空间　作者：胡　伟

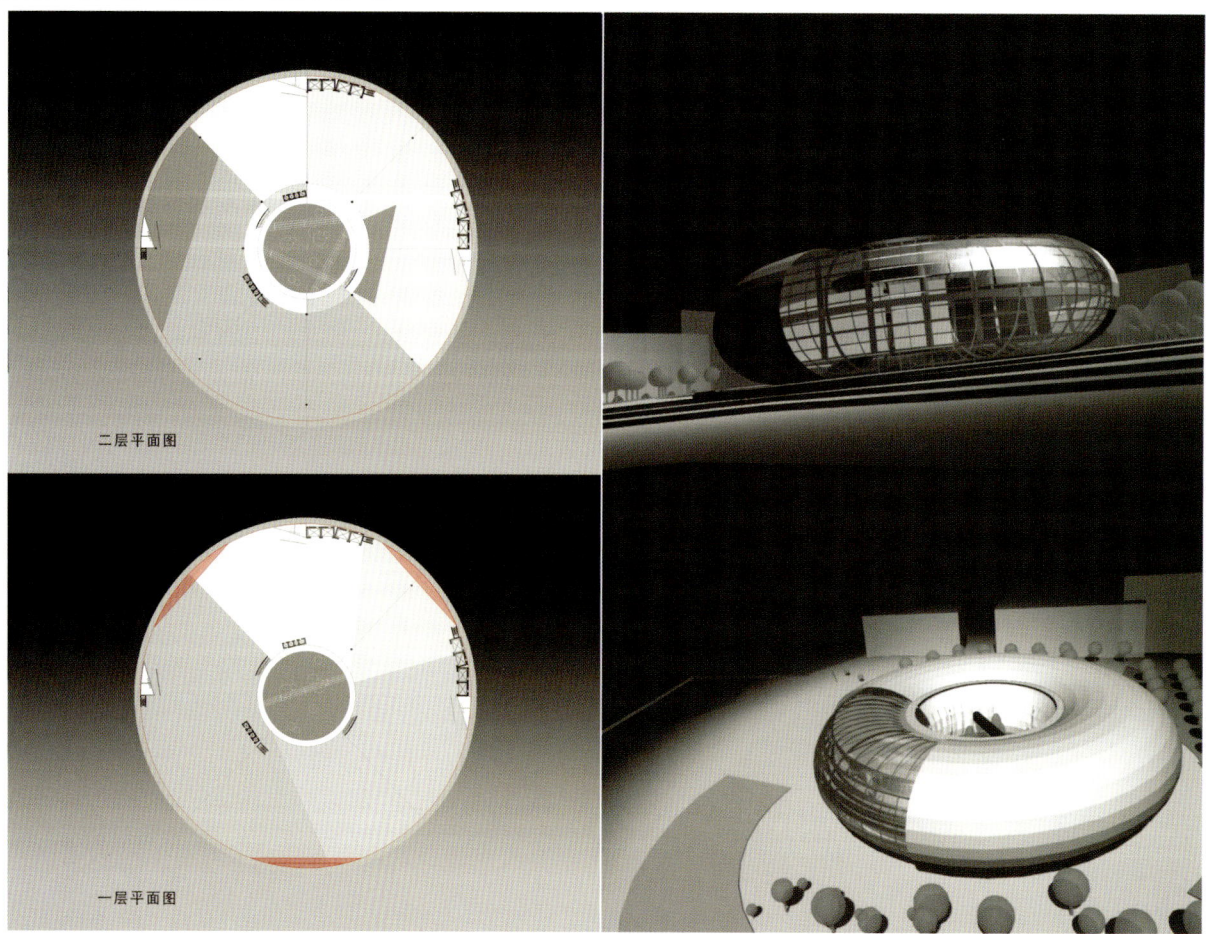

作品名称：济南将军集团大厦外环境设计　　作者：景　燢　薛彦波

作品名称：B.O.X 搏可思体育发展实业公司办公空间设计　　作者：邢　睿　余荣韵

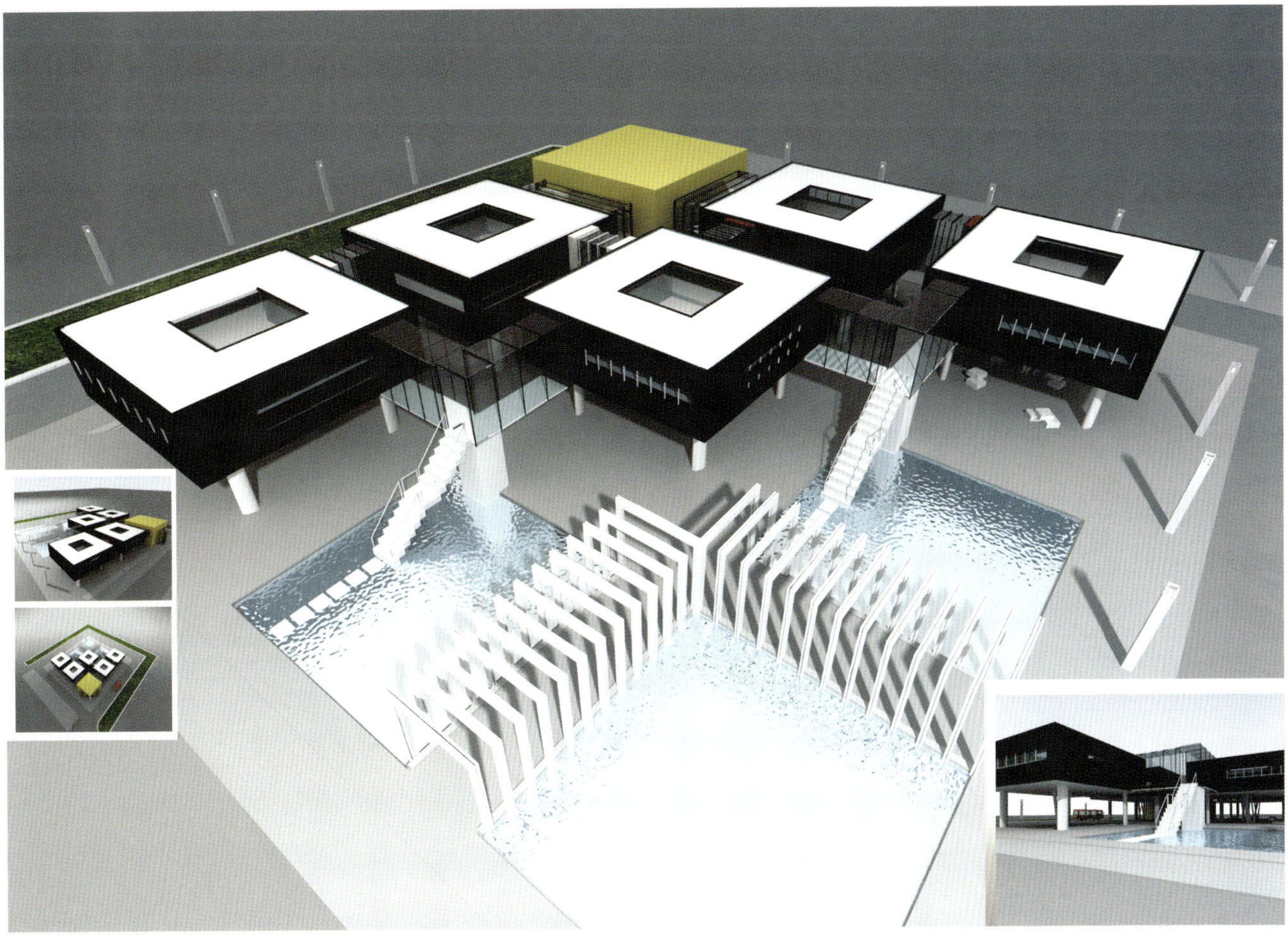

作品名称：别墅设计—日风　作者：徐艳萍

**設計說明**

我忠爱立体、平面和色彩，因为它赋予我们在空间、平面和色彩上的丰富表现。因此我将这三者注入到我情绪释放的空间。别墅南立面顶天立地的玻璃将整个构成品味推向顶峰。形体大胆之后就让光影透过玻璃的反射来描绘大自然的丰富色彩。室内部分墙体设计成可移动式玻璃墙，可以自由组装，使室内各空间的功能性更加灵活。达到了艺术与技术的完美结合。品味、格调、情致成为设计所要追求的主题。附光、自然构成设计的主要元素，设计手法追求与结构主义的简约性和构成的美感。

作品名称：延・源—与自然共生　作者：余荣韵

**延** 点的运动形成线，线的巧妙围合构成面，面的延伸形成体（空间）；意在强调建筑的动感和过程

**源** 亦是原点，源头，追根寻源，主张回归大自然这个万物之源。

作品名称：康王路沿线景观设计　作者：冯 乔　冯汉华　陈鸿雁　林迎杰

作品名称：家园　作者：韩 风

作品名称：长安大剧院室内设计方案　作者：韩海燕

作品名称：可移动建筑—蒙古源流　作者：武　静

作品名称：抗洪纪念馆　作者：赵志林

作品名称：永安门文物标识设计　作者：韩　风

作品名称：马家岭度假村景观规划设计方案　　作者：唐　晔　杨延东

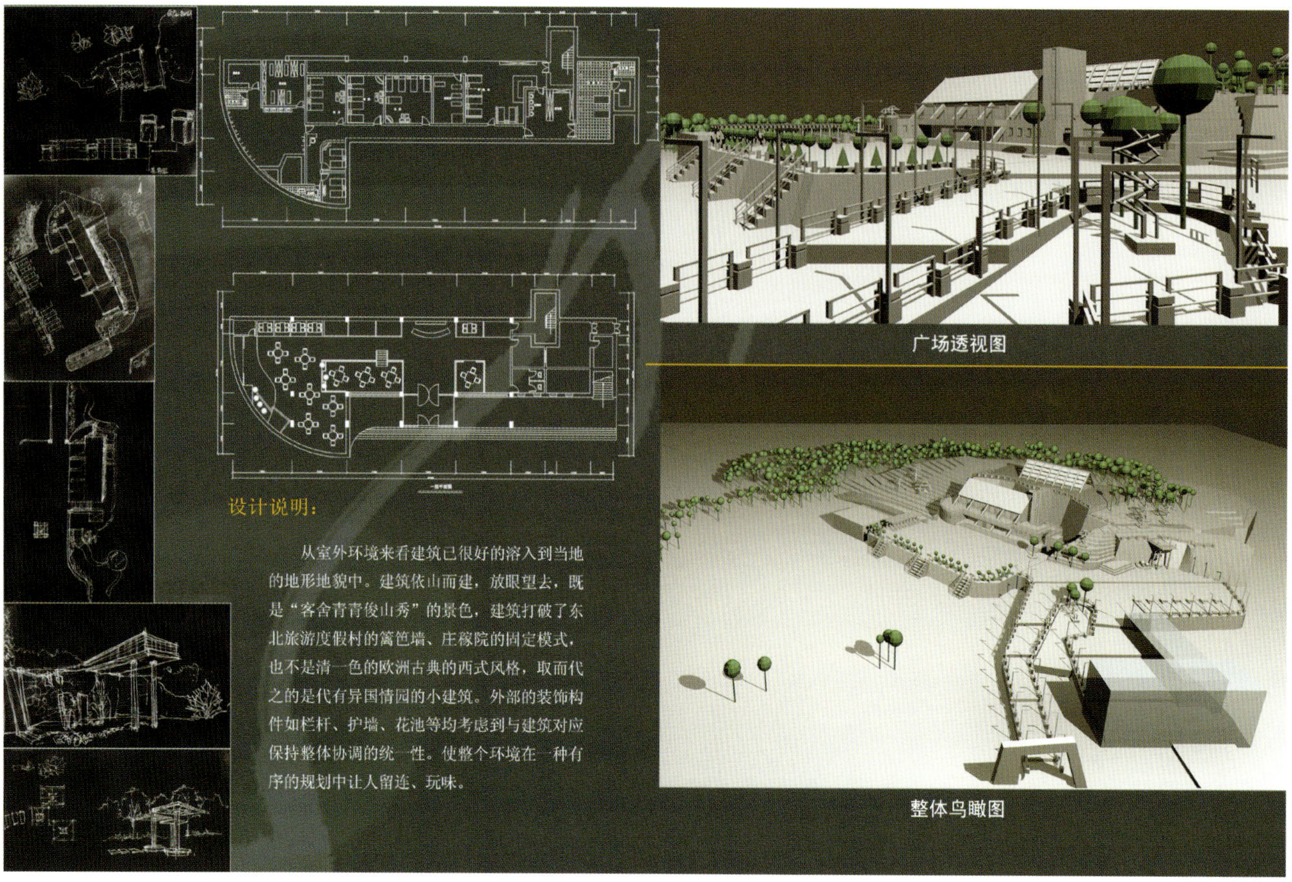

广场透视图

设计说明：
　　从室外环境来看建筑已很好的溶入到当地的地形地貌中。建筑依山而建，放眼望去，既是"客舍青青俊山秀"的景色，建筑打破了东北旅游度假村的篱笆墙、庄稼院的固定模式，也不是清一色的欧洲古典的西式风格，取而代之的是代有异国情调的小建筑。外部的装饰构件如栏杆、护墙、花池等均考虑到与建筑对应保持整体协调的统一性。使整个环境在一种有序的规划中让人留连、玩味。

整体鸟瞰图

作品名称：百花公园孝文化广场设计方案　作者：张　勇　刘仁健　于　斌

作品名称：院落　作者：董丽娜

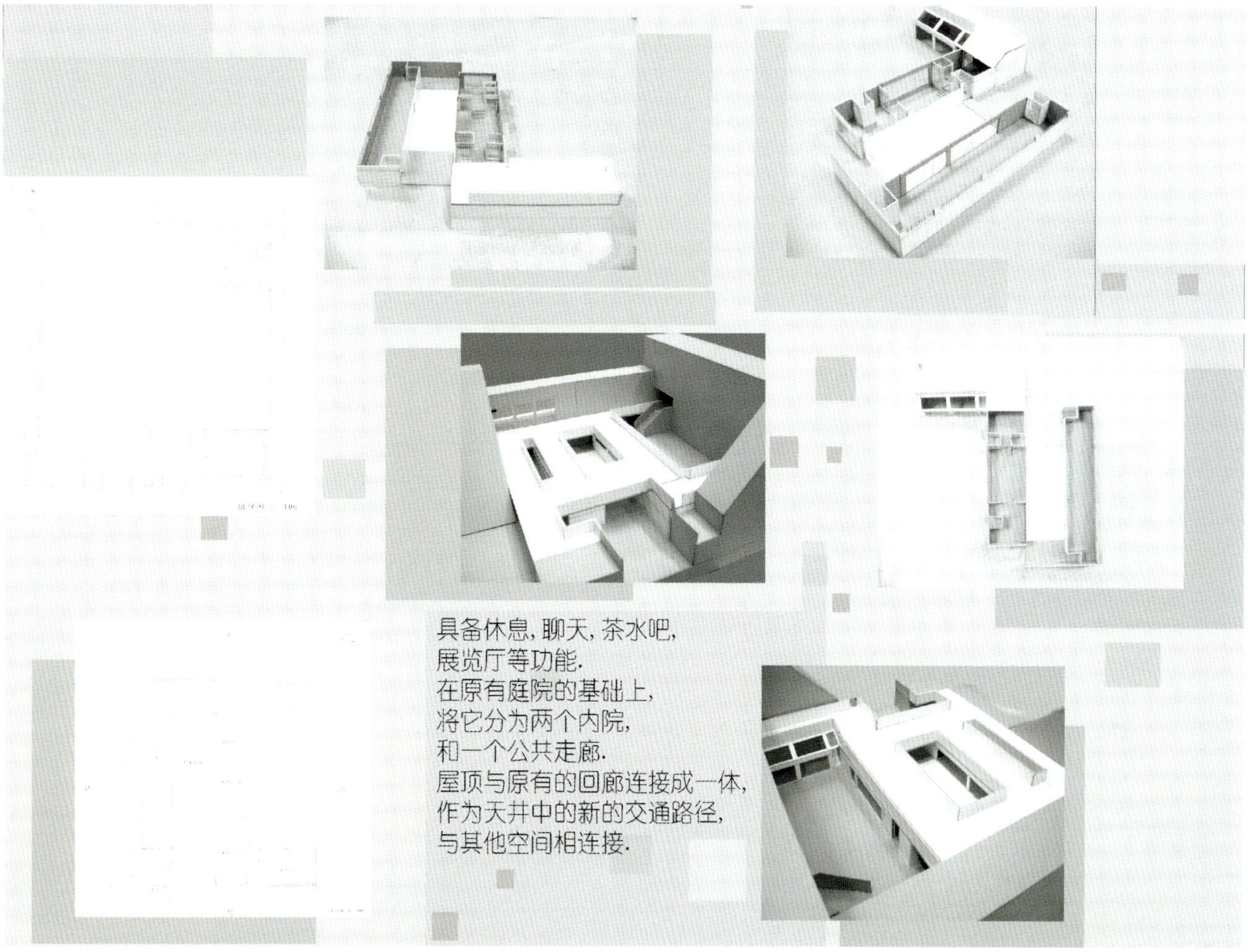

具备休息,聊天,茶水吧,
展览厅等功能.
在原有庭院的基础上,
将它分为两个内院,
和一个公共走廊.
屋顶与原有的回廊连接成一体,
作为天井中的新的交通路径,
与其他空间相连接.

作品名称：昆明市儿童图书馆　作者：张　霞

作品名称：重庆大轰炸展览馆　作者：王　雄　马瑞东　陶佚男　韩　冬

作品名称：椅　作者：黎明

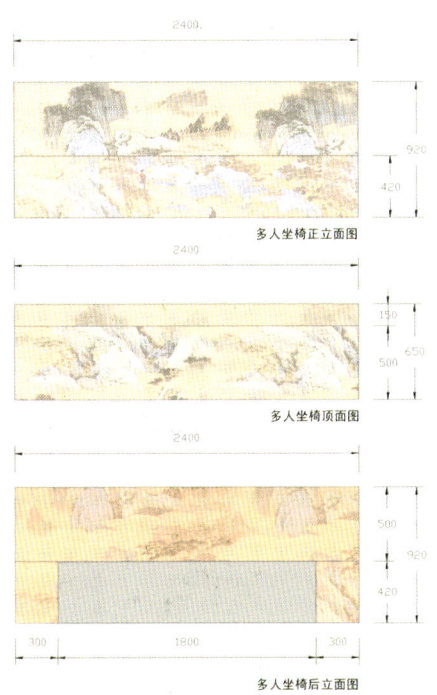

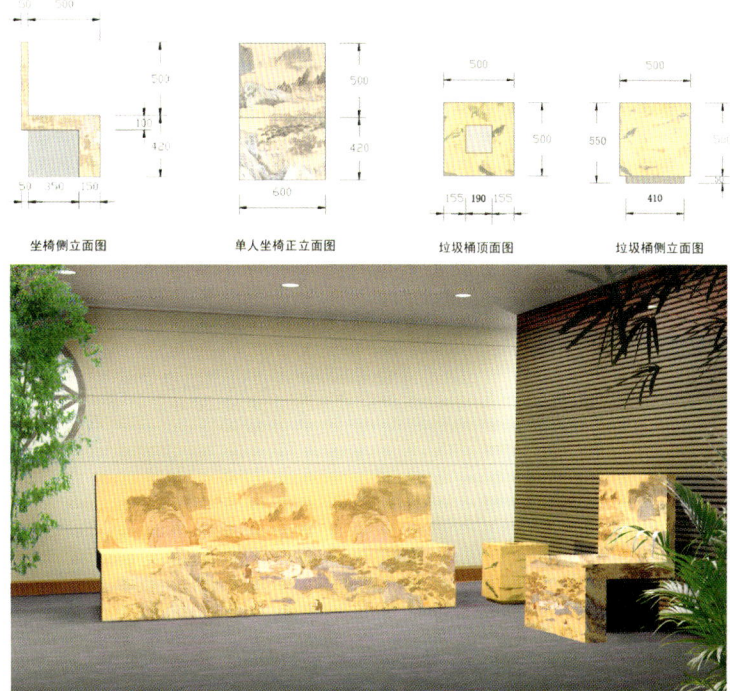

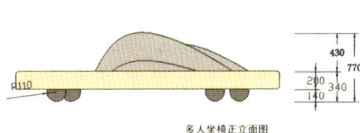

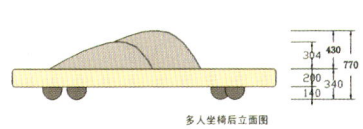

《桃源仙境》

方案采用简单体块构成，表面漆艺制作，纹样选用仇英的《桃源仙境》，原同一平面中的内容如山，水，石，云等附着在不同维度的表面上，因观者的视线，接近过程中的距离的变化，原画中描绘的场景将出现有趣的透视变化。

《沙洲》

方案灵感来源于盆景艺术，表现的是松软的沙滩上的被水浪冲刷的石块。

## 为中国而设计
### 首届全国环境艺术设计大展　赞助单位

广州集美组

山东国际港田物业有限公司

鲁迅美术学院

西安美术学院

湖北美术学院

山东师范大学环艺系

山东建筑工程学院

清华大学美术学院